中国电力教育协会审定

"十二五"高职高专电力技术类专业系列教材

用电营业管理

全国电力职业教育教材编审委员会　组　编

孙晓红　杨　清　主　编

钱晓蓉　副主编

祁淑慧　编　写

李珞新　主　审

中国电力出版社
CHINA ELECTRIC POWER PRESS

内 容 提 要

本书采用行动导向的编写方式，讲述了用电营业管理的实际工作内容和业务处理技能。本书编写依据职业标准，通过对电力营销实际工作内容及职业能力相近工作岗位分析、合并，形成用电营业管理课程对应的岗位群，主要包括用电营业管理类的抄表核算收费员、客户受理员等岗位。在岗位分析的基础上，根据能力复杂程度形成典型工作任务，根据职业能力分析及职业成长规律，构建相应的学习项目。主要包括业务扩充、抄表、电费核算、电费收取、电能销售统计与分析、违约用电与窃电处理、电力客户服务、电力营销稽查与监控等学习项目，各学习项目设置有复习思考题，便于学生自我评价。

本书可作为高等职业教育供用电技术专业教材，也可作为供电企业相关工种职业技能鉴定的复习参考书。

图书在版编目（CIP）数据

用电营业管理/孙晓红，杨清主编；全国电力职业教育规划教材编审委员会组编.—北京：中国电力出版社，2015.2（2021.11重印）

全国电力高职高专"十二五"规划教材.电力技术类（电力工程）专业系列教材

ISBN 978-7-5123-6920-7

Ⅰ.①用… Ⅱ.①孙…②杨…③全… Ⅲ.①用电管理-高等职业教育-教材 Ⅳ.①TM92

中国版本图书馆 CIP 数据核字（2014）第 293263 号

中国电力出版社出版、发行

（北京市东城区北京站西街 19 号 100005 http://www.cepp.sgcc.com.cn）
三河市航远印刷有限公司印刷
各地新华书店经售

*

2015 年 2 月第一版 2021 年 11 月北京第十次印刷
787 毫米×1092 毫米 16 开本 11 印张 261 千字
定价 **35.00** 元

全国电力职业教育教材编审委员会

参编院校

山东电力高等专科学校　　　　西安电力高等专科学校
山西电力职业技术学院　　　　保定电力职业技术学院
四川电力职业技术学院　　　　哈尔滨电力职业技术学院
三峡电力职业学院　　　　　　安徽电气工程职业技术学院
武汉电力职业技术学院　　　　福建电力职业技术学院
江西电力职业技术学院　　　　郑州电力高等专科学校
重庆电力高等专科学校　　　　长沙电力职业技术学院

电力工程专家组

组　长　解建宝

副组长　李启煌　陶　明　王宏伟　杨金桃　周一平

成　员　（按姓氏笔画排序）

王玉彬　王　宇　王俊伟　刘晓春　余建华　吴斌兵

张惠忠　李建兴　李道霖　陈延枫　罗建华　胡　斌

章志刚　黄红荔　黄益华　谭绍琼

出 版 说 明

为深入贯彻《国家中长期教育改革和发展规划纲要（2010—2020）》精神，落实鼓励企业参与职业教育的要求，总结、推广电力类高职高专院校人才培养模式的创新成果，进一步深化"工学结合"的专业建设，推进"行动导向"教学模式改革，不断提高人才培养质量，满足电力发展对高素质技能型人才的需求，促进电力发展方式的转变，在中国电力企业联合会和国家电网公司的倡导下，由中国电力教育协会和中国电力出版社组织全国 14 所电力高职高专院校，通过统筹规划、分类指导、专题研讨、合作开发的方式，经过两年时间的艰苦工作，编写完成全国电力高职高专"十二五"规划教材。

本套教材分为电力工程、动力工程、实习实训、公共基础课、工科基础课、学生素质教育六大系列。其中，电力工程系列和工科专业基础课系列教材 40 余种，主要针对发电厂及电力系统、供用电技术、继电保护及自动化、输配电线路施工与维护等专业，涵盖了电力系统建设、运行、检修、营销以及智能电网等方面内容。教材采用行动导向方式编写，以电力职业教育工学结合和理实一体化教学模式为基础，既体现了高等职业教育的教学规律，又融入电力行业特色，是难得的行动导向式精品教材。

本套教材的设计思路及特点主要体现在以下几方面：

（1）按照"行动导向、任务驱动、理实一体、突出特色"的原则，以岗位分析为基础，以课程标准为依据，充分体现高等职业教育教学规律，在内容设计上突出能力培养为核心的教学理念，引入国家标准、行业标准和职业规范，科学合理设计任务或项目。

（2）在内容编排上充分考虑学生认知规律，充分体现"理实一体"的特征，有利于调动学生学习积极性，是实现"教、学、做"一体化教学的适应性教材。

（3）在编写方式上主要采用任务驱动、行动导向等方式，包括学习情境描述、教学目标、学习任务描述、任务准备、相关知识等环节，目标任务明确，有利于提高学生学习的专业针对性和实用性。

（4）在编写人员组成上，融合了各电力高职高专院校骨干教师和企业技术人员，充分体现院校合作优势互补，校企合作共同育人的特征，为打造中国电力职业教育精品教材奠定了基础。

本套教材的出版是贯彻落实国家人才队伍建设总体战略，实现高端技能型人才培养的重要举措，是加快高职高专教育教学改革、全面提高高等职业教育教学质量的具体实践，必将对课程教学模式的改革与创新起到积极的推动作用。

本套教材的编写是一项创新性的、探索性的工作，由于编者的时间和经验有限，书中难免有疏漏和不当之处，恳切希望专家、学者和广大读者不吝赐教。

全国电力职业教育教材编审委员会

前　言

　　用电营业管理是供用电技术专业的核心专业课程，该教材的编写力求充分反映目前电力营销业务的实际工作内容。教材编写依据职业标准，通过对电力营销实际工作内容及职业能力相近工作岗位分析、合并，形成用电营业管理课程对应的岗位群，主要包括用电营业管理类的抄表核算收费员、客户受理员等岗位。在岗位分析的基础上，根据能力复杂程度形成典型工作任务，根据职业能力分析及职业成长规律，构建相应的学习项目。

　　学习任务的构建是根据学习项目的内容，通过教学设计将技能与知识进行整合，形成若干个教学化的工作任务。选择各项营业用电业务为载体，将各项典型的工作任务与教学过程紧密结合设计学习任务，从而实现从行动领域到学习领域的转变。

　　教材编写大纲紧密结合营销业务的发展现状，将电能量采集、远程抄表等电力营销新技术纳入教材编写范畴；依据当前电力营销业务类型归类，进行学习任务的划分；教学编写引入国家标准、行业标准和职业规范，突出职业能力，对用电营业管理工作的核心内容抄核收管理，在学习任务设置上进行细分，强化核心职业能力培养；与电力行业职业技能鉴定紧密结合，突出电力行业特色。教材编写采用行动导向的编写方式，有利于促进一体化教学，提升电力职业教育人才培养水平。

　　本教材共设置 8 个学习情境，学习情境一、学习情境八由郑州电力高等专科学校孙晓红编写，学习情境二、学习情境四、学习情境七主要由山西电力职业技术学院杨清编写，学习情境三由周口供电公司祁淑慧编写，学习情境六由西安电力高等专科学校钱晓蓉编写，学习情境五由孙晓红、杨清共同编写；由孙晓红、杨清担任主编。

　　本教材编写过程中曾得到供电企业的大力支持和帮助，也借鉴了一些专家和学者的观点；另外，本教材由武汉电力职业技术学院李珞新担任主审，提出了宝贵的意见，在此并表示衷心的感谢。

　　限于编者水平，书中难免存在疏漏和不妥之处，恳请读者批评指正。

编　者

2015 年 1 月

目　录

出版说明

前言

学习情境一　业务扩充 ·· 1

任务一　客户用电的受理 ·· 1

任务二　供电方案的制定 ·· 9

任务三　业扩工程设计与审查 ··· 21

任务四　业扩工程的中间检查、竣工验收与装表接电 ········ 24

任务五　《供用电合同》的签订与变更 ······························· 29

任务六　变更用电业务处理 ·· 38

复习思考 ·· 49

学习情境二　抄表 ·· 51

任务一　抄表管理 ·· 51

任务二　抄表 ·· 54

任务三　抄表质量管理 ·· 63

复习思考 ·· 65

学习情境三　电费核算 ··· 66

任务一　电价管理 ·· 66

任务二　损耗电量计算 ·· 72

任务三　电费计算 ·· 75

任务四　电费复核 ·· 83

复习思考 ·· 91

学习情境四　电费收取 ··· 93

任务一　电费的收取 ·· 93

任务二　电费业务处理 ··· 100

任务三　营销账务处理 ··· 105

复习思考 ··· 109

学习情境五　电能销售统计与分析 ··· 111

任务一　电能销售统计 ··· 111

　　任务二　电力销售状况分析 ·· 119

　　复习思考 ·· 122

学习情境六　违约用电与窃电处理 ······························· 124

　　复习思考 ·· 129

学习情境七　电力客户服务 ··· 130

　　任务一　电力营销服务体系 ··· 130

　　任务二　电力客户服务管理 ··· 138

　　任务三　受理客户查询、咨询 ··· 142

　　任务四　受理客户故障报修 ··· 145

　　任务五　受理客户投诉举报 ··· 147

　　复习思考 ·· 149

学习情境八　营销稽查监控 ··· 151

　　复习思考 ·· 155

附录A　客户业扩报装办理告知书 ····························· 156

附录B　业扩报装所需资料清单 ································· 157

附录C　客户联系卡 ··· 158

附录D　电价表 ··· 159

附录E　变压器损耗表 ··· 161

附录F　功率因数调整电费表 ···································· 162

参考文献 ··· 163

学习情境一

业 务 扩 充

【项目描述】

本项目重点学习新装、增容、变更用电类业务内容和处理，主要内容包括业扩报装受理、供电方案制定、图纸审查、中间检查、竣工验收、装表接电、供用电合同管理、变更用电处理等内容。通过业务扩充学习，掌握业务扩充的工作要求和程序，完成新装、增容和变更用电基本能力的训练。

【教学目标】

知识目标：

1. 熟悉业务扩充的流程；

2. 掌握业务扩充内容和业务规范；

3. 掌握供用电合同的必备条款，熟悉签订供用电合同的流程；

4. 掌握变更用电的内容和业务处理。

能力目标：

1. 具备用电受理能力；

2. 具备制定简单供电方案的能力；

3. 具备受电工程设计审查、供电工程中间检查和竣工报验资料验收能力；

4. 具备《供用电合同》管理能力；

5. 具备变更用电处理能力。

【教学环境】

教材、黑板、多媒体教学设备、相关资料。

任务一　客户用电的受理

【教学目标】

知识目标：

掌握业扩报装的基本知识和受理客户报装的主要工作内容；熟知报装受理范围、分类；熟知业扩报装的流程。

能力目标：

独立完成报装受理。

【任务描述】

根据业扩报装规范指导客户办理用电申请业务。告知办理用电需提供的资料、办理的基本流程、相关的收费项目和标准，引导并协助客户填写用电申请书，查验客户资料是否齐全、申请单信息是否完整、检查证件是否有效。

【任务准备】

1. 客户申请用电需提供哪些资料？
2. 客户申请用电需要办理什么手续？
3. 客户申请用电需填写什么表格？
4. 用电报装的流程是怎样的？

【任务实施】

了解客户需求，确定业扩报装类型，按照供电企业业扩报装相关规定告知客户准备相关用电资料，查验客户资料的完整性和有效性，审核客户历史用电情况，协助客户填写用电申请，在营销业务系统中完成信息录入和传递。

【相关知识】

一、营销业务基本知识

新装、增容与变更用电合称业务扩充，也叫"业扩报装"，简称"业扩"，是指从受理客户用电申请到向客户正式供电为止的全过程。业务扩充的主要工作内容包括用电前咨询、客户新装及增容用电申请的受理、拟定供电方案、确定费用及收取业务费、组织业扩工程设计和施工及验收、对客户的内部受电工程进行工程检查、签订供用电合同、装设电能计量装置及安装采集终端、接电、客户回访、信息归档、资料存档。

1. 业务扩充工作项目

业务扩充工作项目包括客户申请确认、用电大项目前期咨询、客户新装用电、增容用电、临时用电、变更用电的工作处理。

2. 业务内容

业务内容总体可分为新装增容类、变更用电类和业务杂项类三大类，见图1-1。

新装增容类包括高压新装、低压非居民新装、低压居民新装、小区新装（低压批量新装）、高压增容、低压非居民增容、低压居民增容、装表临时用电、装表临时用电延期、无表临时用电新装、无表临时用电延期、无表临时用电终止等业务项。

变更用电类包括减容、减容恢复、暂停、暂停恢复、暂换、暂换恢复、迁址、暂拆、复装、更名、过户、分户、并户、改压、改类、销户、批量销户、移表等业务项。

业务杂项类包括串户订正、追退电量、申请注销、市政代工、计量装置故障、更改交费方式、申请校验、批量更改线路台区、内外线改造、产权变更、备用设备投切、变压器变更、档案维护、计量点变更等业务项。

此外，还有大项目前期咨询、业务费收取、预受理、客户申请确认等业务。

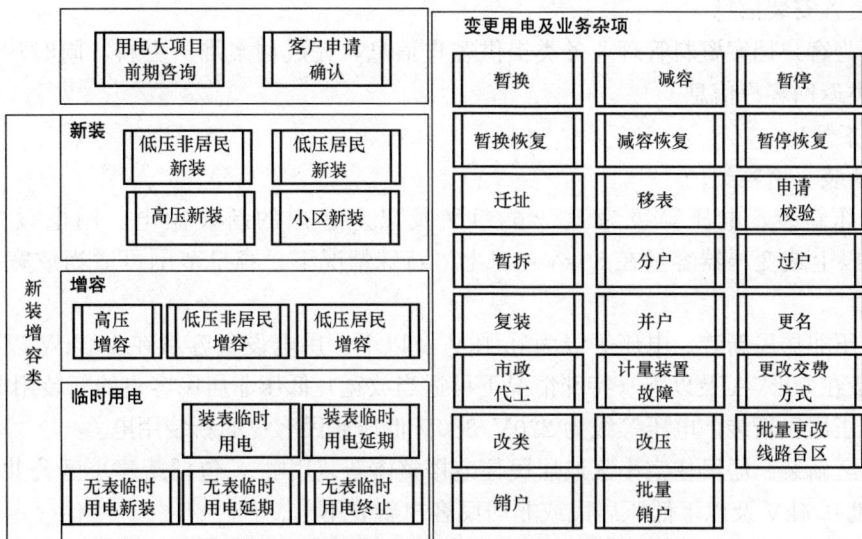

图 1-1　业扩内容

3. 新装增容及变更用电业务类与其他业务类的关联

不同业务类直接存在的信息传递即为关联。根据信息传递的方向可分为单项关联和双向关联，见图 1-2。

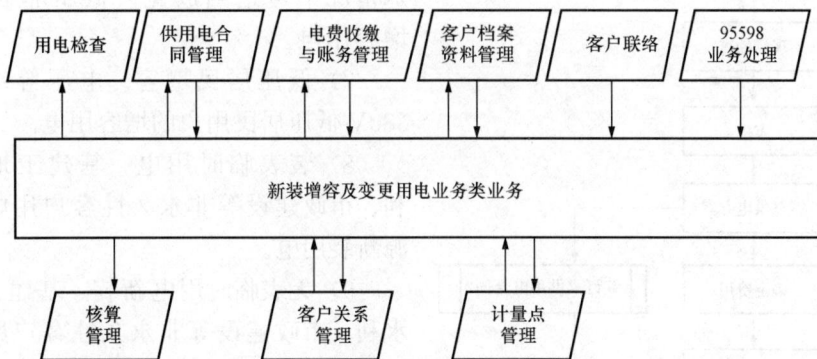

图 1-2　新装增容及变更用电业务类与其他业务类的关联示意图

（1）为客户关系管理业务类提供客户信息。从客户关系获取客户关系信息。

（2）从客户联络业务类获取客户申请信息，进行受理确认。

（3）从 95598 业务处理业务类获取客户服务历史记录。

（4）从电费收缴及账务管理业务类获取客户及其集团客户的欠费信息。

（5）向电费收缴及账务管理业务类传递业务费用信息。

（6）向用电检查业务类（运行管理）传递竣工报验资料信息。

（7）向核算管理业务类（电量电费计算）传递计费信息，作为电费计算的依据。

（8）为供用电合同管理业务类提供客户申请信息、供电方案及其他相关信息，同时返回合同信息。

（9）为计量点管理业务类提供客户申请信息，计量装拆信息，同时从计量点管理业务类返回计量装置安装信息。

（10）为客户档案资料管理业务类提供客户信息，完成档案维护更新，同时从客户档案管理业务类返回客户信息。

4. 业务概述

（1）新装、增容类。

1）高压新装。电压等级为 10（6）kV 及以上客户的新装用电。用电设备容量在 100kW 及以上或变压器容量在 50kVA 以上（特殊情况下，容量范围可适当放宽）客户的新装用电。

2）低压非居民新装。电压等级为 0.4kV 及以下、用电设备容量在 100kW 以下或需用变压器容量在 50kVA 及以下（特殊情况下可适当放宽）低压非居民客户的新装用电。

3）低压居民新装。电压等级为 220V/380V 低压居民客户的新装用电。

4）小区新装。居民住宅小区或居民住宅楼整体新装用电，包括新建小区公共配套设施用电和成批 0.4kV 及以下低压居民或非居民客户新装用电。

5）高压增容。用电设备容量在 100kW 及以上或变压器容量在 50kVA 以上（特殊情况下，容量范围可适当放宽）客户的增容用电。

6）低压非居民增容。电压等级为 0.4kV 及以下、用电设备容量在 100kW 以下或需用变压器容量在 50kVA 及以下（特殊情况下可适当放宽）低压非居民客户的增容用电。

7）低压居民增容。电压等级为 220V/380V 低压居民用户的增容用电。

8）装表临时用电。基建工地、农田水利、市政建设等非永久性客户用电的临时电源新装用电。

9）无表临时用电新装。基建工地、农田水利、市政建设等非永久性客户用电的临时电源新装中的无表新装业务。

10）无表临时用电延期。基建工地、农田水利、市政建设等非永久性用电的临时电源新装中的无表临时用电延期业务。

11）无表临时用电终止。基建工地、农田水利、市政建设等非永久性用电的无表临时电源的终止供电业务。

（2）变更用电类。具体见任务六。

5. 业务流程

新装用电业务流程见图 1-3～图 1-5。

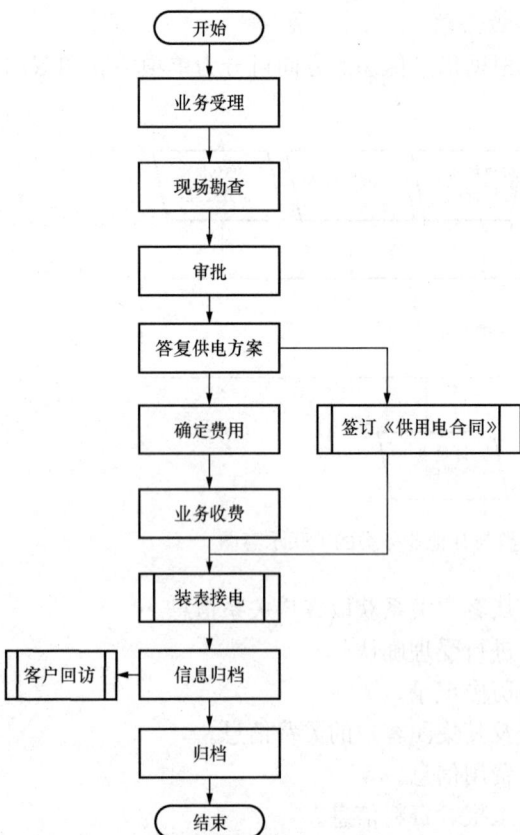

图 1-3　居民新装用电业务流程

图 1-4 低压非居民新装用电业务流程

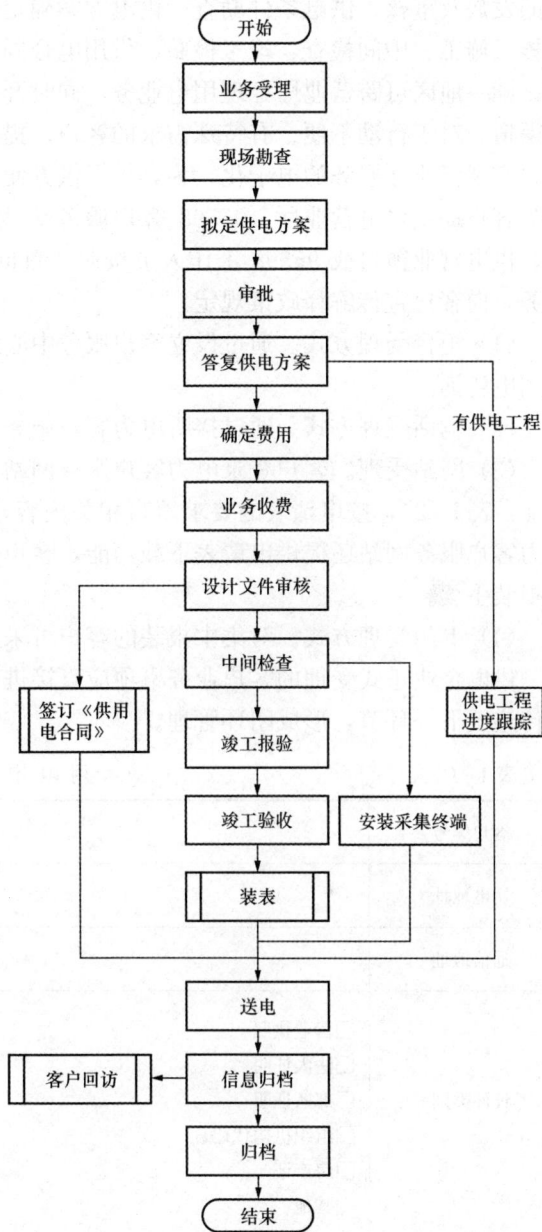

图 1-5 高压新装用电业务流程

二、业务受理

1. 业扩报装渠道

客户因用电需要，初次向供电企业申请报装用电即为新装用电。客户因增加用电设备而向供电企业申请增加用电容量即为增容用电。根据《供电营业规则》第十六条的规定，任何单位或个人需新装用电、增加用电容量等，都需要到供电企业办理用电手续。供电企业应在营业场所公告办理各项用电业务的程序、制度和有关的收费标准。

供电企业的用电营业机构统一归口办理客户的用电申请和报装接电工作，包括用电申请书的发放及审核、供电条件勘查、供电方案确定及批复、有关费用的收取、受电工程设计的审核、施工、中间检查、竣工检验、供用电合同（协议）签约、装表接电等项业务。

同一地区可跨营业厅办理用电业务，同时开通 95598 网站、电话、智能终端等电子化办理渠道。对于行动不便、有特殊需求的客户，提供用电业务办理上门服务。推广自助服务终端，实现营业厅服务的电子化，为客户提供方便快捷、选择多样、智能互动的服务。供电企业为客户提供供电营业厅、95598 客户服务热线、网上营业厅、手机客户端等多种报装渠道，供电营业窗口或 95598 工作人员按照"首问负责制"服务要求指导客户办理用电申请业务，向客户宣传解释政策规定。

（1）柜台受理方式。通过设立客户服务中心和营业报装厅，受理上门客户报装申请和各种用电咨询。

（2）电话受理方式。通过接听电力客户服务电话，实现客户用电报装咨询和初步受理。

（3）网站受理。客户登录电力客户服务网站，根据业务类别，选择不同的申请表（见表 1-1、表 1-2），按申请表的要求填写相关内容，填写完后点击提交，完成业务申请。有些电力客户服务网站还提供申请表下载功能，客户也可下载后填写申请表相关内容到营业厅办理报装手续。

（4）上门受理方式。对集中报装的客户可采用上门受理方式。

供电企业正式受理的客户业务事项应直接进入营销业务系统的处理流程，生成电子工作票传递至下一环节，形成闭环管理。

表 1-1　　　　　　　　　　　　　　　用 电 申 请 表

客户编号			客户名称：	
用电地址			邮政编码	
通信地址				
证件类别	□营业执照 □法人证明 □部队证明 □组织机构代码证 □房产证 □其他			
联系人			联系电话	
联系人手机			电子邮件地址	
联系人 证件类别				
申请容量	重要性 等级	□特级 □一级 □二级 □临时性	用电类别	□大工业　□普通工业 □非工业　□商业 □非居民照明□居民生活 □农业生产　□趸售

续表

客户在以下业务项中选择：（√）	

客户在以下业务项中选择：（√）

一、新装增容业务

☐高压新装　　　☐低压非居民新装　　　☐低压居民新装　　　☐小区新装

☐装表临时用电　☐无表临时用电　　　　☐高压增容　　　　　☐低压非居民增容

☐低压居民增容

二、变更业务

☐减容　　　　　☐减容恢复

☐暂停　　　　　☐暂停恢复　　　☐暂换　　　☐暂换恢复

☐迁址　　　　　☐移表　　　　　☐暂拆　　　☐复装　　　☐更名

☐过户　　　　　☐分户　　　　　☐并户　　　☐销户　　　☐改压

☐改类　　　　　☐计量装置故障　☐更改交费方式　☐批量销户　☐申请校表

☐无表临时用电延期　☐无表临时用电终止　☐其他

申请事由：		
客户申明：	本表及附件中的信息和提供的相关文件资料真实准确，谨此确认。 经办人签字： 填表日期：　　　年　　月　　日	
申请编号		受理人		受理时间	

表1-2   **分布式电源项目接入申请表**

项目编号		申请日期	年　月　日
项目名称			
项目地址			
项目类型	☐ 光伏发电　　☐天然气三联供　　☐生物质发电　　☐风电 ☐ 地热发电　　☐海洋能发电　　☐资源综合利用		
项目投资方			
项目联系人		联系电话	
项目联系人地址			
装机容量	投产规模　　　　　kW 本期规模　　　　　kW 终期规模　　　　　kW	意向并网 电压等级	☐10（6、20）kV ☐380V ☐其他
发电量意向消纳方式	☐全部自用 ☐全部上网 ☐自发自用余电上网	装机容量	☐用户侧 ☐公共电网
计划开工时间		计划投产时间	
核准要求	☐省级　　☐地市级　　☐其他＿＿＿＿＿		☐不需核准
下述内容由选择自发自用、余电上网的项目业主填写			
用电情况	月用电量（　　　　kWh） 装接容量（　　　万kVA）	主要用电设备	

续表

业主提供资料清单	一、自然人申请需提供资料：经办人身份证原件及复印件、户口本、房产证等项目合法性支持性文件。 二、法人申请需提供资料： 　1. 经办人身份证原件及复印件和法人委托书原件（或法定代表人身份证原件及复印件）。 　2. 企业法人营业执照、土地证等项目合法性支持性文件。 　3. 政府投资主管部门同意项目开展前期工作相关资料
本表中的信息及提供文件真实准确，谨此确认 申请单位：（公章） 申请个人：（经办人签字） 　　　　　年　月　日	客户提供的文件已审核，接入申请已受理，谨此确认 受理单位：（公章） 　　　年　月　日
受理人	受理日期　　　　　年　月　日

告知事项：

1. 本表信息由客服中心录入，申请单位（个人用户经办人）与客服中心签章确认；
2. 本表1式2份，双方各执1份

2. 业务受理规范

用户申请新装或增加用电时，应向供电企业提供用电工程项目批准的文件及有关用电资料，包括用电地点、电力用途、用电性质、用电设备清单、用电负荷、保安电力、用电规划等，并依照供电企业规定的格式如实填写用电申请表及办理所需手续。新建受电工程项目在立项阶段，用户应与供电企业联系，就工程供电的可能性、用电容量和供电条件等达成意向性协议，方可定址，确定项目。未按上述规定办理的，供电企业有权拒绝受理其用电申请。如因供电企业供电能力不足或政府规定限制的用电项目，供电企业可通知用户暂缓办理。

受理客户用电申请时，供电企业应主动为客户提供用电咨询服务，接受并查验客户用电申请资料，与客户预约现场勘查时间。

（1）询问客户申请意图，主动向客户提供《客户业扩报装办理告知书》（见附录A），告知办理用电需提供的资料（见附录B）、办理的基本流程、相关的收费项目和标准、监督电话等信息，推行居民客户"免填单"服务，业务办理人员了解客户申请信息并录入营销业务应用系统，生成用电申请书（附录B），打印后交由客户签字确认。

（2）审核客户历史用电情况、欠费情况、信用情况。如客户存在欠费情况，则须结清欠费后方可办理。

（3）接受客户用电申请资料，应查验客户资料是否齐全，检查证件是否有效。审查合格后向客户提供业务联系卡（见附录C）。根据国家规定需办理环评报告、节能评估报告（登记表）、生产许可证的客户，若在申请阶段暂不能提供，可先行受理申请，并要求其在设计图纸文件审查前补齐，政策限制行业客户除外；客户在往次业务办理过程已提交且尚在有效期内的资料，无需再次提供。

（4）对于具有非线性负荷并可能影响供电质量或电网安全运行的客户，应书面告知客户委托有资质的单位开展电能质量评估工作，并在竣工前提交初步治理技术方案和相关测试报告，作为业扩报装申请的补充资料。

（5）通过95598电话、网站、手机客户端、异地营业厅等渠道受理的客户用电申请，应在 1 个工作日内将受理工单信息传递至属地营业厅。现场收集的客户报装资料应在 1 个工作日内传递到营业厅。

3. 供电可能性、必要性及合理性专项审查

(1) 供电必要性审查。

1) 申请用电的必要性。申请用电是否必要,供电企业应对用户申请的原因,按照用户提供的近期和远期计算负荷,对变压器容量进行审查。要对原有供电容量的使用情况等进行调查,分析审核增加用电容量是否必要,是否可以通过内部挖潜或采用其他方法加以解决,以确定可以撤消或减少申请用电容量。

2) 双电源供电的必要性。双电源供电是指由两个独立的电源供电。双电源供电是否必要,客户是否需要双电源,主要取决于客户的用电性质及电网的供电条件。对于符合条件的重要客户要保证双电源供电,对于不符合双电源供电条件的客户,则对其申请不予批准。因此,供电企业有必要对双电源供电必要性进行审查。

(2) 供电可能性审查。供电可能性是确定如何供电的问题。在对客户进行必要性审查后,供电企业要落实供电资源渠道,并根据客户的用电性质、用电地址、用电变压器容量及用电负荷,结合当地区域变电所的供电能力、输配电网络的现有分布情况,来确定是否具备对该客户供电的条件,即进行供电可能性的审查。当供电能力受限制时,应对相应的输、变、配电设备进行建设。

(3) 供电合理性审查。

1) 电能使用的合理性。根据国家的能源政策及本地区能源结构,应审查客户对电能的使用是否合理,控制高耗能设备。督促客户选择耗电量小、效率高的新型用电设备,同时功率因数(也称力率)低的客户应增加无功补偿等。

2) 变压器容量选择的合理性。根据客户用电性质、负荷情况、未来电力发展规划,审查客户申请的变压器容量是否合理。

4. 客户用电申请受理应注意的事项

(1) 客户用电申请资料是否与相关业务规定相符;

(2) 用电申请表的填写是否规范;

(3) 有关证件或证明材料的真伪性和时效性辨识;

(4) 增容或变更用电客户是否拖欠电费,是否存在其他用电业务尚未办理完毕;

(5) 新建或改建项目地址上原有客户是否已办理销户手续;

(6) 有关业务费用是否已收取;

(7) 客户是否委托他人代为办理用电业务;

(8) 其他需要注意的事项等。

任务二 供 电 方 案 的 制 定

【教学目标】

知识目标:掌握供电方案制定的基本原则;熟知供电方案的主要内容。

能力目标:完成供电方案的制定。

【任务描述】

根据客户报装资料和现场勘查情况，确定初步供电方案，包括确定客户接入系统方案、客户受电系统方案、计量方案、计费方案及告知事项。

【任务准备】

1. 现场勘查的内容有哪些？
2. 确定供电方案的原则是什么？
3. 供电方案包括哪些内容？
4. 客户申请用电后多长时间内答复供电方案？
5. 供电方案以什么方式答复？
6. 客户要求更改方案如何处理？如何确定供电方案？

【任务实施】

首先给出典型客户用电申请资料和电网基本情况，借以引导完成供电方案的制定。然后学习什么是供电方案，形成供电方案的基本过程，明确供电方案的基本内容，制定供电方案的基本原则和要求，根据客户用电需求确定客户分级。最后结合客户申请资料和电网资料，依据供电方案编制导则完成供电方案的制定。案例可根据教学需要虚拟。

【相关知识】

供电方案是指由供电企业提出，经供用双方协商后确定，满足客户用电需求的电力供应具体实施计划。供电方案可作为客户受电工程规划立项及设计、施工建设的依据。供电方案主要依据客户的用电要求、用电性质、现场勘查的信息，以及电网的结构和运行情况与客户协商确定。

供电方案按照供电电压等级可分为低压供电方案和高压供电方案。

一、现场勘查与供电方案的答复

1. 现场勘查

现场勘查前，勘查人员应预先了解待勘查地点的现场供电条件，与客户预约现场勘查时间，组织相关人员进行勘查。对申请增容的客户，应查阅客户用电档案，记录客户信息、历次变更用电情况等资料。

现场勘查时，应重点核实客户负荷性质、用电容量、用电类别等信息，结合现场供电条件，初步确定电源、计量、计费方案。

勘查的主要内容应包括：

（1）对申请新装、增容用电的居民客户，应核定用电容量，确认供电电压、计量装置位置和接户线的路径、长度。其中，新建居住小区客户应现场调查小区规划，初步确定供电电源、供电线路、配电变压器分布位置、低压线缆路径等。

（2）对申请新装、增容用电的非居民客户，应审核客户的用电需求，确定新增用电容量、用电性质及负荷特性，初步确定供电电源、供电电压、供电线路、计量方案、计费方案等。

（3）对拟定的重要电力客户，应根据《国家电监会关于加强重要电力用户供电电源及自备应急电源配置监督管理的意见》，审核客户行业范围和负荷特性，并根据客户供电可靠性的要求及中断供电危害程度进行分级。

（4）对申请增容的客户，应核实客户名称、用电地址、电能表箱位、表位、表号、倍率等信息，检查电能计量装置和受电装置运行情况。

对现场不具备供电条件的，应在勘查意见中说明原因，并向客户做好解释工作。对现场存在违约用电、窃电嫌疑等异常情况的客户，勘查人员应做好现场记录，及时报相关职责部门，并暂缓办理该客户用电业务；在违约用电、窃电嫌疑排查处理完毕后重新启动业扩报装流程。

2. 供电方案的答复

供电企业对已受理的用电申请，应尽快确定供电方案，提供《供电方案答复单》供客户签字确认，登记通知客户及客户确认反馈的时间。根据国家电网公司供电服务"十项承诺"供电方案答复期限：居民客户不超过 3 个工作日，低压电力客户不超过 7 个工作日，高压单电源客户不超过 15 个工作日，高压双电源客户不超过 30 个工作日。根据《国家电网公司业扩报装管理规则》，在受理申请后，低压客户在次工作日完成现场勘查并答复供电方案；10～35kV（可开放容量范围内）单电源客户不超过 15 个工作日，双电源客户不超过 20 个工作日；10～35kV（超出可开放容量）单电源客户不超过 15 个工作日，双电源客户不超过 25 个工作日；110kV及以上单电源客户不超过 15 个工作日，双电源客户不超过 30 个工作日。

若不能如期确定供电方案，供电企业应向客户说明原因。

供电方案发生变更的，应严格履行审批程序，对因客户需求发生变化造成的，应书面通知客户重新办理用电申请手续；对因电网原因造成的，应与客户沟通协商、重新确定供电方案后再答复客户。客户对供电企业答复的供电方案有不同意见时，应在 1 个月内提出意见，双方可再行协商确定。用户应根据确定的供电方案进行受电工程设计。

3. 供电方案的有效期

供电方案的有效期是指从供电方案正式通知书发出之日起至受电工程开工日为止。高压供电方案的有效期为 1 年，低压供电方案的有效期为 3 个月，逾期注销。客户遇到有特殊情况需延长供电方案的有效期时，应在有效期到期前 10 天向供电企业提出，供电企业应视情况予以办理延长手续。

二、供电方案的内容

1. 高压客户

（1）客户基本用电信息：户名、用电地址、行业、用电性质、负荷分级，核定的用电容量，拟定的客户分级。

（2）供电电源及每路进线的供电容量。

（3）供电电压等级、供电线路及敷设方式要求。

（4）客户电气主接线及运行方式，主要受电装置的容量及电气参数配置要求。

（5）计量点设置、计量方式、计费方案、用电信息采集终端安装方案。

（6）无功补偿标准、应急电源及保安措施配置，谐波治理、继电保护、调度通信要求。

（7）受电工程建设投资界面。

（8）供电方案的有效期。

（9）其他需说明的事宜。

2. 低压客户

（1）客户基本用电信息：户名、用电地址、行业、用电性质、负荷分级，核定的用电容量。

（2）供电电压、公用配电变压器名称、供电线路、供电容量、出线方式。

（3）进线方式、受电装置位置、计量点设置、计量方式、计费方案，用电信息采集终端安装方案。

（4）无功补偿标准、应急电源及保安措施配置、继电保护要求。

（5）受电工程建设投资界面。

（6）供电方案的有效期。

（7）其他需说明的事宜。

3. 居民客户

（1）客户基本用电信息：户名、用电地址、行业、用电性质，核定的用电容量。

（2）供电电压、供电线路、公用配电变压器名称、供电容量、出线方式。

（3）进线方式、受电装置位置、计量点设置、计量方式、计费方案、用电信息采集终端安装方案。

（4）供电方案的有效期。

三、确定供电方案的基本原则及要求

1. 确定供电方案的基本原则

（1）应能满足供用电安全、可靠、经济、运行灵活、管理方便的要求，并留有发展余度。

（2）符合电网建设、改造和发展规划要求；满足客户近期、远期对电力的需求，具有最佳的综合经济效益。

（3）具有满足客户需求的供电可靠性及合格的电能质量。

（4）符合相关国家标准、电力行业标准和规程，以及技术装备先进要求，并应对多种供电方案进行技术经济比较，确定最佳方案。

2. 确定供电方案的基本要求

（1）根据电网条件及客户的用电容量、用电性质、用电时间、用电负荷重要程度等因素，确定供电方式和受电方式。

（2）根据重要客户的分级确定供电电源及数量、自备应急电源及非电性质的保安措施配置要求。

（3）根据确定的供电方式及国家电价政策确定电能计量方式、用电信息采集终端安装方案。

（4）根据客户的用电性质和国家电价政策确定计费方案。

（5）客户自备应急电源及非电性质保安措施的配置、谐波负序治理的措施应与受电工程同步设计、同步建设、同步验收、同步投运。

（6）对有受电工程的，应按照产权分界划分的原则，确定双方工程建设出资界面。

四、供电方案的确定

客户供电方案主要是依据客户的用电要求、用电性质、现场调查的信息及电网的结构和运行情况来确定。确定供电方案的主要内容是：确定为客户供电的容量；确定为客户供电的电压等级；确定为客户供电的电源点；确定为客户供电的供电方式即单电源还是双电源，以及供电线路的导线选择和架设方式；确定为满足电网安全运行对客户一次接线和有关电气设

备选型配置安装的要求；根据客户的用电容量、电压等级、用电性质、用电类别等明确客户执行的电价标准，从而确定计量方式、计量点设置、计量装置选型配置。

（一）用电容量的确定

1. 用电容量确定的原则

用电容量综合考虑客户申请容量、用电设备总容量，并结合生产特性兼顾主要用电设备同时率、同时系数等因素后确定。

（1）高压供电客户用电容量确定的原则。

1）在满足近期生产需要的前提下，客户受电变压器应保留合理的备用容量，为发展生产留有余地。

2）在保证受电变压器不超载和安全运行的前提下，应同时考虑减少电网的无功损耗。一般客户的计算负荷宜等于变压器额定容量的 70%～75%。

3）对于用电季节性较强、负荷分散性大的客户，可通过增加受电变压器台数、降低单台容量来提高运行的灵活性，解决淡季和低谷负荷期间因变压器轻负荷导致损耗过大的问题。

（2）低压供电客户用电容量确定的原则是根据客户主要用电设备额定容量确定。

2. 选择变压器容量的方法

（1）采用用电负荷密度的方法确定变压器容量。供电企业应根据当地的用电水平，经过调查分析，确定当地的负荷密度指标。居住区住宅及公共服务设施用电容量的确定应综合考虑所在城市的性质、社会经济、气候、民族、习俗及家庭能源使用的种类，同时满足应急照明和消防设施要求。建筑面积在 50m^2 及以下的住宅用电每户容量宜不小于 4kW，大于 50m^2 的住宅用电每户容量宜不小于 8kW。

（2）采用需用系数确定变压器容量。根据客户用电设备的额定容量和行业特点在实际负荷下的需用系数所求出的计算负荷，并考虑用电设备使用时的各种损耗等因素，以及国家规定客户应达到的功率因数和客户实际能够达到的功率因数，来确定变压器的容量，即

$$S = P_c/\cos\varphi = K_d P/\cos\varphi$$

式中　　S——客户负荷的视在功率；

　　　　P_c——计算负荷；

　　　　K_d——需用系数；

　　　　P——用电设备的额定容量；

　　　$\cos\varphi$——客户的功率因数。

对于不同行业，用电需用系数各不相同，所以一般可采用现场实际测量的方法来确定不同行业、不同用电设备的需用系数。表 1-3 是常见的几种工业用电设备的需用系数。

表 1-3　　　　　　　　　常见的几种工业用电设备的需用系数

用电设备名称	电炉炼钢	机械制造	纺织机械	面粉加工
需用系数	1.0	0.2～0.5	0.55～0.75	0.7～1.0

另外，选择变压器时还应考虑选择节能型变压器。目前节能型变压器的主要型号有S11、S14、S15 等。

（二）供电电压的确定

1. 供电电压等级标准

我国电网的供电电压大致可分为低压、中压、高压、超高压和特高压五个等级。1kV以下称作低压；1~10kV 称作中压；高于 10kV 低于 330kV 称作高压；330~1000kV 称作超高压；1000kV 及以上称作特高压。

按照国家标准，我国供电企业供电的额定电压如下：

（1）低压供电电压：单相为 220V，三相为 380V；

（2）高压供电电压：10、20、35（63）、110、220kV。

除发电厂直配电压可以采用 3kV 或 6kV 以外，其他等级的电压逐步过渡到上列额定电压。

我国目前 220kV 及以上电压，主要用于电力系统输送电能，也有部分大型企业从 220kV 电网直接受电；35~110kV 电压既可作输电电压，也可作配电电压，直接向大中型电力用户供电；10kV 及以下电压只作配电用。我国省会城市和沿海大中城市基本上已建成 220kV 高压外环网和双网。一般称 220kV 为送电电压，110、66、35kV 为高压配电电压，10kV 为中压配电电压，380V/220V 为低压配电电压。而在特大城市电网中 220kV 兼有高压配电功能。

客户需要的供电电压等级在 110kV 及以上时，其受电装置应作为终端变电站设计。

2. 供电电压的确定原则

用户的供电电压应从供电的安全、经济出发，根据电网规划、用户的用电性质、用电装置容量、供电方式、供电距离及当地供电条件等因素，经过技术经济比较后，选择合适的供电电压，见表 1-4。

表 1-4　　　　　　　　各级供电电压与输送容量和输送距离的关系

额定电压（kV）	0.38	10	35	110	220
输送容量（MW）	0.1	0.1~2.0	2.0~10	10~50	100~300
输送距离（km）	0.6	6~20	20~50	50~150	100~200

对新装、增装用户，其供电电压按下列原则确定：

（1）低压供电方式及适用范围。

1）客户单相用电设备总容量不足 10kW，在经济发达地区用电设备容量可扩大到 16kW 时，可采用低压 220V 供电。但有单台设备容量超过 1kW 的单相电焊机、换流设备的，客户必须采取有效的技术措施以消除对电能质量的影响，否则应改为其他方式供电。

2）客户用电设备总容量在 100kW 及以下或变压器容量在 50kVA 以下时，采用低压三相四线制供电，特殊情况也可采用高压供电。在用电负荷密度较高的地区，经过技术经济比较，采用低压供电的技术经济性明显优于高压供电时，低压供电的容量可适当提高。

3）客户用电总容量在 100~250kW，供电企业有能力或有由客户负责建设移交供电企业维护管理的公用配电设施，可采用低压供电。

4）短期的大型集会或政治活动等临时用电，虽用电总容量在 100kW 以上，但如有供电能力时也可采用低压供电。

5）农村地区低压供电容量，应根据当地农村电网综合配电变压器容量小、多布点的配置特点确定。

（2）10kV 供电方式及适用范围。

1）客户用电设备总容量在 100kW（kVA）及以上者可采用 10kV 供电。

2）下列用电设备总容量不足 100kW（kVA）也可采用 10kV 供电。

a. 用户提出对供电可靠性有特殊要求，如通信、医疗、广播、计算中心、机要部门等用电。

b. 对供电质量产生不良影响的用电负荷，如整流器、电焊机等用电。

c. 对边远地区的客户为了利于变压器运行维护和故障及时处理，经供用电双方协商同意的用电。

3）对于申请变压器容量在 3000kVA 以下或装接容量大于 250kW 的客户，一般采用 10kV 供电。装接容量为 100～250kW，电网有能力供电时，也可采用低压供电。

电网的公共配电，一般不采用 6kV 作为配电电压，但在有些客户的负荷组成中，大型电动机占有很大比重，直接选用 6kV 级电压可以避免多级降压，从全局来考虑是经济的。

（3）35kV 及以上供电方式的范围。

1）客户用电设备总容量在 5～40MVA 时，宜采用 35kV 供电；

2）有 66kV 电压等级的电网，客户用电设备总容量在 15～40MVA 时，宜采用 66kV 供电；

3）客户用电设备总容量在 20～100MVA 时，宜采用 110kV 及以上电压等级供电；

4）客户用电设备总容量在 100MVA 及以上时，宜采用 220kV 及以上电压等级供电。

对于市中心区的负荷密集区的大型建筑，如写字楼、商厦、宾馆、高级办公楼等，虽然容量大于 3000kVA，甚至达到 6000kVA 以上，当采用 35kV 供电困难时，可采用 10kV 供电；对用电容量较大的冲击负荷、不对称性负荷和非线性负荷等用户，视其情况采用专线或高一等级电压供电。

除有特殊需要，供电电压等级一般可参照表 1-5 确定。

表 1-5　　　　　　　　　　　　客户供电电压等级的确定

供电电压等级	用电设备容量	受电变压器总容量
220V	10kW 及以下单相设备	
380V	100kW 及以下	50kVA 及以下
10kV		50kVA～10MVA
35kV		5～40MVA
66kV		15～40MVA
110kV		20～100MVA
220kV		100MVA 及以上

注　无 35kV 电压等级的，10kV 电压等级受电变压器总容量为 50kVA～15MVA。

供电半径超过本级电压规定时，可按高一级电压供电。

具有冲击负荷、波动负荷、非对称负荷的客户，宜采用由系统变电所新建线路或提高电压等级供电的供电方式。

（三）供电电源和应急自备电源的配置

供电电源应依据客户的负荷等级、用电性质、用电容量、生产特性及当地供电条件等因素，经过技术经济比较，与客户协商后确定。为保障用电安全，便于管理，用户应将重要负荷与非重要负荷、生产用电与生活区用电分开配电。

1. 电力客户分级

电力客户根据对供电可靠性的要求及中断供电危害程度可分为重要电力客户和普通电力客户。

重要电力客户是指在国家或者一个地区（城市）的社会、政治、经济生活中占有重要地位，对其中断供电将可能造成人身伤亡、较大环境污染、较大政治影响、较大经济损失、社会公共秩序严重混乱的用电单位或对供电可靠性有特殊要求的用电场所。重要电力客户认定一般由各级供电企业或电力客户提出，经当地政府有关部门批准。普通电力客户是指除重要电力客户以外的其他客户。

重要电力客户又可以分为特级、一级、二级重要电力客户和临时性重要电力客户。

（1）特级重要电力客户，是指在管理国家事务中具有特别重要作用，中断供电将可能危害国家安全的电力客户。

（2）一级重要电力客户，是指中断供电将可能产生下列后果之一的电力客户：

1）直接引发人身伤亡的；

2）造成严重环境污染的；

3）发生中毒、爆炸或火灾的；

4）造成重大政治影响的；

5）造成重大经济损失的；

6）造成较大范围社会公共秩序严重混乱的。

（3）二级重要客户，是指中断供电将可能产生下列后果之一的电力客户：

1）造成较大环境污染的；

2）造成较大政治影响的；

3）造成较大经济损失的；

4）造成一定范围社会公共秩序严重混乱的。

（4）临时性重要电力客户，是指需要临时特殊供电保障的电力客户。

2. 供电电源的确定

（1）根据周围条件选择电源点。电源点应具备足够的供电能力，能提供合格的电能质量，满足客户的用电需求，保证接电后电网安全运行和客户用电安全。对多个可选的电源点，应进行技术经济比较后确定。根据客户分级和用电需求，确定电源点的回路数和种类。根据城市地形、地貌和城市道路规划要求，就近选择电源点。路径应短捷顺直，减少与道路交叉，避免近电远供、迂回供电。

通常按照就近供电的原则选择供电电源，这样供电距离近，电压降小，电压质量容易保证。但有时由于邻近的区域变电站（或配电变压器）容量或负荷的限制，需要从其他电源接线，这种情况下，尽可能采用区域变电站（或配电变压器）增加容量、增加出线回路数等方法来解决电源问题，使供电方式既经济又合理。若区域变电站因受占地面积和出线走廊等条件所限不能再进行扩建，而一些大工业客户又急于用电，可由用户集资筹建高一级电压的区域性变电站来解决电源问题。

供电电源分三种情况：

1）专线供电［含配电站（所）引出的专线］。

2）公用线路或共用线路供电。由两个或两个以上客户合资建设，其产权归客户的线路，称为共用线路。

3）由发电厂出线供电。供电企业可以对距离发电厂较近的客户，采用发电厂直配供电方式，但不得以发电厂的厂用电源或变电站（所）的站用电源对客户供电。

（2）根据用电性质选择电源数量。根据用电负荷性质和重要程度确定单电源、双电源或多电源供电，以及是否需要配置自备应急电源。对具备一、二级负荷的客户应采用双电源或多电源供电，三级负荷的客户采用单电源供电。

重要电力客户供电电源的配置要求如下：

1）特级重要电力客户应采用三路电源供电方式，其中两路电源应当来自两个不同的变电站，当任何两路电源发生故障时，第三路电源应能保证独立正常供电；

2）一级重要电力客户应采用两路电源供电方式，两路电源应当来自两个不同的变电站，当一路电源发生故障时，另一路电源应能保证独立正常供电；

3）二级重要电力客户应采用双回路供电方式，供电电源可以来自同一个变电站的不同母线段；

4）临时性重要电力客户按照供电负荷重要性，在条件允许的情况下，可以通过临时架线等方式实现双回路或两路以上电源供电；

5）重要电力客户供电电源的切换时间和切换方式必须满足重要电力客户允许中断供电时间的要求；

6）重要电力客户的 20kV 及以下供电线路应采用电缆线路供电，确因受到条件限制时可采用架空绝缘线路供电，但不得同杆架设。

对普通电力客户可采用单电源供电。

（3）重要电力客户的自备应急电源配置要求：

1）重要电力客户具有中断供电将会造成人身伤亡、重大财产损失、重大政治影响的负荷时应配置自备应急电源。

自备应急电源容量配置标准：自备应急电源容量应达到保安负荷的 120%；自备应急电源启动时间应满足安全要求；自备应急电源与电网电源之间应装设可靠的电气或机械闭锁装置，防止倒送电。

2）临时性重要电力客户可以通过租用应急发电车（机）等方式，配置自备应急电源。

3）对于环保、防火、防爆等有特殊要求的用电场所，应选用满足相应要求的自备应急电源。

（4）客户重要负荷的保安电源，可由供电企业提供，也可由用户自备。遇有下列情况之一者，保安电源应由客户自备：

1）在电力系统瓦解或不可抗力造成供电中断时，仍需保证供电的；

2）客户自备电源比从电力系统供给更为经济合理的。

供电企业向有重要负荷的客户提供的保安电源，应符合独立电源的条件。重要客户特别重要的负荷，即使供电企业提供有两个或两个以上的电源，也要求客户自备有电的或非电的保安措施。非电性质保安措施应符合客户的生产特点、负荷特性，满足无电情况下保证客户安全的需要。

重要客户，需要有两个电源的，供电企业暂不具备提供第二电源条件，要求客户自备保安电源，客户暂无能力或不愿意自备保安电源的，送电前双方必须就突然中断供电的安全责任问题签订协议。

（四）选择供电线路

供电企业可根据客户的负荷性质、负荷大小、用电地点和线路走向等选择供电线路及其架设方式，根据客户分级和城乡发展规划，选择采用架空线路、电缆线路或架空—电缆线路供电。

根据我国目前的情况，郊县以架空线为主；对于城市电网，正逐步考虑电缆入地的配电电缆线路，已从220、35、10kV和380V全面展开建设，既美化了城市，又减少了道路占用。在报装时，电力线路建议按经济电流密度选择导线。

在供电线路走向方面，应选择在正常运行方式下，具有最短的供电距离，以防止发生近电远供或迂回供电的不合理现象，使线路末端客户的电压质量得不到保障。

（五）客户电气主接线方式及运行方式

1. 主接线

（1）具有两回线路供电的一级负荷客户，其电气主接线的确定应符合下列要求：

1）35kV及以上电压等级应采用单母线分段接线或双母线接线。装设两台及以上主变压器。6～10kV侧应采用单母线分段接线。

2）10kV电压等级应采用单母线分段接线。装设两台及以上变压器。0.4kV侧应采用单母线分段接线。

（2）具有两回线路供电的二级负荷客户，其电气主接线的确定应符合下列要求：

1）35kV及以上电压等级宜采用桥形、单母线分段、线路变压器组接线。装设两台及以上主变压器。中压侧应采用单母线分段接线。

2）10kV电压等级宜采用单母线分段、线路变压器组接线。装设两台及以上变压器。0.4kV侧应采用单母线分段接线。

（3）单回线路供电的三级负荷客户，其电气主接线采用单母线或线路变压器组接线。

2. 运行方式

特级重要客户可采用两路运行、一路热备用运行方式。

一级客户可采用以下运行方式：

（1）两回及以上进线同时运行互为备用。

（2）一回进线主供，另一回路热备用。

二级客户可采用以下运行方式：

（1）两回及以上进线同时运行。

（2）一回进线主供，另一回路冷备用。

不允许出现高压侧合环运行的方式。

（六）确定电能计量方式

为了合理负担和收取电费，保证国家财政收入，正确确定计量方式是十分重要的。根据供电电压和电能计量装置安装位置，电能计量方式可分为高供高计、高供低计、低供低计三种。确定计量方式时应遵循以下原则：

（1）明确计量点。计量点就是用电计量装置的安装位置，应在供电方案中予以明确，以便在供电工程设计时预留位置。计量点原则上设置在客户与供电企业供电设施的产权分界处。如产权分界处不具备计量装置安装条件的，对专线供电的高压客户，可在供电变电站的出线侧出口装设表计；对于公用线路供电的高压客户，可在客户受电装置侧计量。

1）高压供电的客户，宜在高压侧计量；但对 10kV 供电且容量在 315kVA 及以下、35kV 供电且容量在 500kVA 及以下的，高压侧计量确有困难时，可在低压侧计量，即采用高供低计方式。计费时负担变压器本身的有功、无功损耗。

2）对于专用线路供电的高压客户应以产权分界点作为计量点。如果供电线路属于客户，则应在供电企业变电站出线处安装电能计量装置。

3）对于有冲击负荷、不对称负荷、谐波负荷等非线性负荷的客户，计量装置应装设在客户受电变压器的一次侧。

（2）有两条及以上线路分别来自不同电源点或有多个受电点的客户，应分别装设电能计量装置。

（3）供电企业应在客户每个受电点按不同电价类别，分别安装用电计量装置，且每个受电点作为客户的一个计费单位；在受电点内难以按电价类别分别装设用电计量装置时，可装设总的用电计量装置，然后按其不同类别的用电设备容量的比例或实际可能的用电量，确定不同电价类别用电量的比例或定量进行分算，分别计价。

（4）有送、受电量的地方电网和有自备电厂的客户，应在并网点上装设送、受电电能计量装置。

（5）电能计量装置实行专用。10kV 及以下客户采用专用的计量箱（柜）；35kV 及以上客户采用电流互感器的专用二次绕组、电压互感器的专用二次连接导线，并不得与保护、测量回路共用。

（6）临时用电的客户，应安装用电计量装置。对不具备安装条件的，可按其用电容量、使用时间、规定的电价计收电费。

（7）城镇居民用电一般应实行一户一表。因特殊原因不能实行一户一表计费时，供电企业可根据其容量按公安门牌或楼门单元、楼层安装共用的计费电能表，居民客户不得拒绝合用。共用计费电能表内的各客户，可自行装设分户电能表，自行分算电费，供电企业在技术上予以指导。

所有电能计量点均应安装用电信息采集终端。根据应用场所的不同选配用电信息采集终端，对高压供电的客户配置专用变压器采集终端，对低压供电的客户配置集中抄表终端，对有需要接入公共电网分布式能源系统的客户配置分布式能源监控终端。

（七）无功补偿要求

1. 无功补偿装置的配置原则

无功电力应分层分区、就地平衡。客户应在提高自然功率因数的基础上，按有关标准设计并安装无功补偿设备。为提高客户电容器的投运率，并防止无功倒送，宜采用自动投切方式。

2. 功率因数要求

100kVA 及以上高压供电的电力客户，在高峰负荷时的功率因数不宜低于 0.95；其他电力客户和大、中型电力排灌站、趸购转售电企业，功率因数不宜低于 0.90；农业用电功率因数不宜低于 0.85。

3. 无功补偿容量的计算

（1）电容器的安装容量，应根据客户的自然功率因数计算后确定。

（2）当不具备设计计算条件时，电容器安装容量的确定应符合下列规定：

1）35kV 及以上变电站可按变压器容量的 10%～30%确定；

2）10kV 变电站可按变压器容量的 20%～30%确定。

（八）继电保护及调度通信自动化配置

1. 继电保护设置的基本原则

（1）客户变电站中的电力设备和线路，应装设反映短路故障和异常运行的继电保护和安全自动装置，满足可靠性、选择性、灵敏性和速动性的要求。

（2）客户变电站中的电力设备和线路的继电保护应有主保护、后备保护和异常运行保护，必要时可增设辅助保护。

（3）10kV 及以上变电站宜采用数字式继电保护装置。

2. 备用电源自动投入装置要求

备用电源自动投入装置，应具有保护动作闭锁的功能。

3. 需要实行电力调度管理的客户范围

（1）受电电压在 10kV 及以上的专线供电客户。

（2）有多电源供电、受电装置的容量较大且内部接线复杂的客户。

（3）有两回路及以上线路供电，并有并路倒闸操作的客户。

（4）有自备电厂并网的客户。

（5）重要电力客户或对供电质量有特殊要求的客户等。

4. 通信和自动化要求

（1）35kV 及以下供电、用电容量不足 8000kVA 且有调度关系的客户，可利用用电信息采集系统采集客户端的电流、电压及负荷等相关信息，配置专用通信市话与调度部门进行联络。

（2）35kV 供电、用电容量在 8000kVA 及以上或 110kV 及以上的客户宜采用专用光纤通道或其他通信方式，通过远动设备上传客户端的遥测、遥信信息，同时应配置专用通信市话或系统调度电话与调度部门进行联络。

（3）其他客户应配置专用通信市话与当地供电企业进行联络。

五、其他供电方式

1. 趸售供电

向趸购转售电单位实施的供电方式称为趸售供电。从大电网趸购电能，再向其营业区内客户售电的经营方式称为趸购转售。趸售供电是一种管理关系特殊的供电方式。《供电营业规则》专门规定，供电企业一般不采用趸售方式供电，以减少中间环节。趸购转售电单位应服从电网的统一调度，按国家规定的电价向用户售电，不得再向乡、村层层趸售。

电网经营企业与趸购转售电单位应就趸购转售事宜签订供电合同，明确双方的权利和义务。趸购转售电单位需新装或增加趸购容量时，应按规定办理新装增容手续。

2. 委托转供电

在公用供电设施能力不足或公用供电设施尚未到达的地区，为解决该地区一些客户的客电，供电企业委托该地区有供电能力的直供客户，代理向其他客户实施的供电，称委托转供电。但供电企业不得委托重要的国防军工客户转供电。

委托转供电应遵守下列规定：

（1）供电企业与委托转供户（简称转供户）应就转供范围、转供容量、转供期限、转供费用、转供用电指标、计量方式、电费计算、转供电设施建设、产权划分、运行维护、调度通信、违约责任等事项签订协议。

（2）转供区域内的客户（简称被转供户），视同供电企业的直供户，与直供户享有同样的用电权利，其一切用电事宜按直供户的规定办理。

（3）向被转供户供电的公用线路与变压器的损耗电量应由供电企业负担，不得摊入被转供客户用电量中。

（4）在计算转供户用电量、最大需量及功率因数调整电费时，应扣除被转供户、公用线路与变压器消耗的有功、无功电量。最大需量按下列规定折算：

1）照明及一班制：每月用电量 180kWh，折合为 1kW；

2）二班制：每月用电量 360kWh，折合为 1kW；

3）三班制：每月用电量 540kWh，折合为 1kW；

4）农业用电：每月用电量 270kWh，折合为 1kW；

5）委托的费用，按委托的业务项目的多少，由双方协商确定。

委托转供电可发挥现有供电设备的闲置能力，缓解投资紧缺，及时解决客户的用电急需；但不利于客户的安全、经济、合理用电，用电关系不顺畅。随着电网的改造和发展，供电企业应逐步将委托转供电改为直接供电。

3. 临时供电

向用电期限短暂或非永久用电，如基建工地、农田水利、市政建设、抗旱打井、防汛排涝、集会演出等用电设施的供电，称为临时供电，即供给临时电源。

临时用电期限除经供电企业准许外，一般不得超过 6 个月，逾期不办理延期或永久性正式用电手续的，供电企业应终止供电。使用临时电源的客户不得向外转供电，也不得转让给其他客户，供电企业也不受理其变更用电事宜。临时用电如需改为正式用电，应按新装用电办理。因抢险救灾需要紧急供电时，供电企业应迅速组织力量，架设临时电源供电。架设临时电源所需的工程费用和应付的电费，由地方人民政府有关部门负责从救灾经费中拨付。

任务三　业扩工程设计与审查

【教学目标】

知识目标：掌握高压客户工程设计要求和审查内容。

能力目标：能完成设计单位资质审核、高压客户设计资料报审与审查。

【任务描述】

学习业扩工程设计要求和审查内容，完成业扩工程设计资料的审查，形成审查意见。

【任务准备】

1. 业扩工程设计的要求有哪些方面？对设计单位资质有何要求？

2. 业扩工程设计标准有哪些？

3. 客户工程设计应报审的资料有哪些？

4. 客户工程设计审查的内容包含哪些？

【任务实施】 ----------◎

给出某高压客户报审资料，引导完成设计审查。

【相关知识】 ----------◎

供电企业应提前告知客户设计单位应具备资质要求。受理客户设计图纸文件审查申请时，应审核客户提交的资料并查验设计单位资质，设计单位资质应符合国家相关规定。对于资料欠缺或不完整的，应告知客户补充完善。

一、客户报审资料审查

1. 业扩工程设计单位资质审查

受电工程设计单位必须取得相应的设计资质。设计单位按照国家建设部 2007 年颁布的《工程设计资质标准》规定的设计资质规定要求，承揽电力工程设计。电力工程设计资质主要分为甲级、乙级、丙级。取得甲级设计资质的，可以从事所有电压等级电力工程设计；取得乙级设计资质的，可以从事 220kV 及以下电压等级电力工程设计；取得丙级设计资质的，可以从事 110kV 及以下电压等级电力工程设计（部分丙级资质有限定范围的，按照限定范围从事设计，如限 10kV 及以下）。

2. 业扩工程设计报审资料

供电企业对客户新装、增容、改装受电工程的设计文件和有关资料应根据有关规定进行审核。客户受电工程必须根据用电情况按照确定的供电方案进行设计，如果确实需要修改供电方案的，必须经过供电方案批复部门同意。同时设计单位必须具备相应的设计资质。

为了电网的安全经济运行，客户受电工程的设计须由供电企业依照批复的供电方案和有关的设计规程进行审查。

(1) 高压客户应提供的资料。

1) 受电工程设计及说明书；

2) 用电负荷分布图；

3) 负荷组成、性质及保安负荷；

4) 影响电能质量的用电设备清单；

5) 主要电气设备一览表；

6) 主要生产设备、生产工艺耗电及允许中断供电时间；

7) 高压受电装置一、二次接线图与平面布置图；

8) 用电功率因数计算及无功补偿方式；

9) 继电保护、过电压保护及电能计量装置的方式；

10) 隐蔽工程设计资料；

11) 配电网络布置图；

12) 自备电源及接线方式；

13) 设计单位资质审查资料；

14) 其他资料。

(2) 低压供电的客户应提供负荷组成和用电设备清单。

供电企业对客户送审的受电工程设计文件和有关资料，对客户的受电工程设计审查应依据国家和电力行业的有关标准、规程进行。

审核时间指从客户提供齐全审核资料，并报《受电工程图纸审核申请表》开始，到客户签收《受电工程图纸审核结果通知单》为止所需的时间。受电工程设计审核时限，自受理申请之日起，低压供电客户不超过 10 个工作日，高压供电客户不超过 30 个工作日。未在规定时限内完成的，应及时向客户做好沟通解释工作。

审核结果应一次性书面答复客户，并督促其修改直至复审合格。供电企业对客户的受电工程设计文件和有关资料的审核意见应以书面形式连同审核过的一份受电工程设计文件和有关资料一并退还客户，以便客户据以施工。客户若更改审核后的设计文件，应将变更后的设计再送供电企业复核。

重要电力客户和供电电压等级在 35kV 及以上客户的审核工作应由客户服务中心牵头组织协调发策、生产、调度等有关部门完成。

客户受电工程的设计文件，未经供电企业审核同意，客户不得据以施工；否则，供电企业可不予检验和接电。

二、业扩工程设计审查

1. 业扩工程设计审查依据

GB 50053—1994《10kV 及以下变电所设计规范》

DL/T 5220—2005《10kV 及以下架空配电线路设计技术规程》

DL/T 5219—2005《架空送电线路基础设计技术规定》

DL/T 601—1996《架空绝缘线路设计技术规程》

GB 14549—1993《电能质量 公用电网谐波》

GB/T 24337—2009《电能质量 公用电网间谐波》

DL/T 620—1997《交流电气装置的过电保护和绝缘配合》

DL/T 621—1997《交流电气装置的接地》

GB/T 50063—2008《电力装置的电测量仪表装置设计规范》

DL/T 448—2000《电能计量装置技术管理规程》

Q/GDW 161—2007《电路保护及辅助装置标准化设计规范》

DL/T 5222—2005《导体和电气选择设计技术规定》

GB 50058—1992《爆炸和火灾危险环境电力装置设计规范》

GB 50045—1995《高层民用建筑设计防火规范》

JGJ 16—2008《民用电气设计规范》

GB 50096—2011《住宅设计规范》

GB 50217—2007《电力工程电缆设计规范》

GB 50057—2010《建筑物防雷设计规范》

GB 50054—2011《低压配电设计规范》

GB 50052—2009《供配电系统设计规范》

GB 50038—2005《人民防空地下室设计规范》

GB 50034—2013《建筑照明设计标准》

GB 50227—2008《并联电容器装置设计规范》

GB 50059—2011《35～110kV 变电所设计规范》

GB 50060—2008《35～110kV 高压配电装置设计规范》

GB 50062—2008《电力装置的继电保护和自动装置设计规范》

GB/T 12326—2008《电能质量 电压波动和闪变》

GB/T 14285—2006《继电保护和安全自动装置技术规程》

2. 业扩工程设计审查内容

高压客户设计审核内容：

（1）审核图纸资料是否齐全；

（2）审核设计内容是否符合供电方案和规程规范要求。

主要电气设备技术参数、主接线方式、运行方式、线缆规格应满足供电方案要求；继电保护、通信、自动装置、接地装置的设置应符合有关规程要求；进户线缆型号截面、总开关容量应满足电网安全及客户用电的要求；电能计量和用电信息采集装置的配置应符合 DL/T 448—2000、国家电网公司智能电能表及用电信息采集系统相关技术标准。

对重要电力客户，自备应急电源及非电性质保安措施还应满足有关规程、规定的要求。

对有非线性阻抗用电设备（含高次谐波、冲击性负荷、波动负荷、非对称性负荷等）的客户，还应审核谐波负序治理装置及预留空间、电能质量监测装置是否满足有关规程、规定要求。

大客户经理/用电检查员在审核电力设计图纸过程中，应确认重要负荷与其他负荷分开配电，保安负荷应实现末端自动切换，其他重要负荷宜采用末端自动切换，切换装置应闭锁（电气、机械）可靠。

设计审查时应注意无功电力的平衡。无功电力应就地平衡。客户应在提高用电自然功率因数的基础上，按有关标准设计和安装无功补偿设备，并做到随其负荷和电压变动及时投入或切除，防止无功电力倒送。除电网有特殊要求的客户外，客户在电网高峰负荷时的功率因数，应达到规定值。凡功率因数不能达到规定的新客户，供电企业可拒绝接电。对已送电的客户，供电企业应督促和帮助客户采取措施，提高功率因数。对在规定期限内仍未采取措施达到要求的客户，供电企业可中止或限制供电。

设计图纸文件审查合格后，应填写客户受电工程设计文件审查意见单，并在审核通过的设计图纸文件上加盖图纸审核专用章，并告知客户下一环节需要注意的事项。

任务四　业扩工程的中间检查、竣工验收与装表接电

【教学目标】

知识目标：掌握高压客户工程验收资料项目和验收内容。

能力目标：完成施工单位资质审核、完成高压客户工程中间检查和竣工报验资料验收，便于课堂实施。

【任务描述】

学习业扩工程验收内容和验收标准，完成业扩工程的中间检查和竣工报验资料验收，形成验收意见。

【任务准备】

1. 施工单位资质有何要求?

2. 业扩工程验收经过哪几个阶段?

3. 高压客户应提供哪些施工报验资料?

4. 中间检查的重点是什么?

5. 检查中发现工程施工存在缺陷如何处理?

6. 竣工验收的项目包括哪些? 验收的标准是什么?

【任务实施】

给出某高压客户报审资料,引导完成工程报验资料的初步审核。

【相关知识】

客户依据设计方案安排施工,工程验收分为土建施工验收、中间检查、竣工送电前检查三个阶段。

一、土建施工验收和中间检查

1. 土建施工验收

土建施工验收在土建施工完毕后进行,对电缆接地装置预埋件、暗敷管线等隐蔽工程应配合土建事先检查验收。

2. 中间检查

所谓中间检查就是按照原批准的设计文件,对客户变电站的电气设备、变压器容量、继电保护、防雷设施、接地装置等进行全面的检查。这也是对整个变电站工程施工质量进行的一次初步而又全面的检查,以确保各种电气安装工艺符合 GB 50150—2006《电气装置安装工程 电气设备交接试验标准》及其他有关规程的各项规定。

供电企业在受理客户受电工程中间检查报验申请后,应及时组织开展中间检查,发现缺陷的,应一次性书面通知客户整改,复验合格后方可继续施工。现场检查前,应提前与客户预约时间,告知检查项目和应配合的工作。现场检查时,应查验施工企业、试验单位是否符合相关资质要求,检查施工工艺、建设用材、设备选型等项目,并记录检查情况。对检查中发现的问题,应以《受电工程缺陷整改通知单》的形式一次性通知客户整改。客户整改完成后,应报请供电企业复验,复验合格后方可继续施工。中间检查合格后,以《受电工程中间检查结果通知单》的形式书面通知客户。对未实施中间检查的隐蔽工程,应书面向客户提出返工要求。

中间检查时应进行以下几项工作:

(1) 检查工程是否符合设计要求。

(2) 检查有关的技术文件是否齐全,如设备的规格及其说明书、产品出厂合格证件等。

(3) 检查所有安全措施是否符合 GB 50150—2006 及现行安全技术规程的规定。对于电气距离小于规定的安全净距的设备,应在其周围采取相应的安全措施,如加强绝缘、加装遮栏等,从而为变电站的运行、检修人员创造安全的工作条件。

(4) 对全部电气装置进行外观检查,确定工程质量是否符合规定。

（5）检查隐蔽工程，如电缆沟的施工、电缆头的制作、接地装置的埋设等。

（6）检查所有高压开关的连锁装置，双电源用户还必须加装防止串电的连锁装置。

（7）检查通信联络装置是否安装完毕。对于 35kV 及以上的变电站，要求安装专用电话；10kV 及以下供电的小电力用户，应明确联络电话及负责人。

在中间检查期间应通知装表、负荷控制、试验、继电保护进行相应的准确度及调试等工作，并通知进网电工培训，检查用户安全工具、消防器材、必要的规程、管理制度的建立情况，以及各种必要的记录表格的配备情况。

对于低压供电的客户不进行中间检查。

中间检查的期限，自接到客户申请之日起，高压供电客户不超过 5 个工作日。

二、竣工送电前检查（竣工验收）

客户依据供电企业中间检查后的改进意见，逐项改正。工程竣工后，供电企业的客户服务中心要根据施工单位提供的竣工报告和资料，组织运行、设计、施工等单位对供电工程进行竣工验收。

受电工程竣工检验前，客户服务中心应牵头组织生产、调度部门，做好接电前新受电设施接入系统的准备和进线继电保护的整定、检验工作。受理客户竣工检验申请时，客户服务中心应审核客户相关报送材料是否齐全有效，与客户预约检验时间，告知竣工检验项目和应配合的工作，组织相关人员开展竣工检验工作。

（一）客户报验资料审查

1. 业扩工程施工单位资质审查

客户受电工程施工单位必须具备建设部门颁发的施工资质，而且施工单位应当按照《承装（修、试）电力设施许可证管理办法》规定的要求，承揽电力工程。承装（修、试）电力设施许可证分为一级、二级、三级、四级和五级。取得一级许可证的，可以从事所有电压等级电力设施的安装、维修或者试验活动。取得二级许可证的，可以从事 220kV 以下电压等级电力设施的安装、维修或者试验活动。取得三级许可证的，可以从事 110kV 以下电压等级电力设施的安装、维修或者试验活动。取得四级许可证的，可以从事 35kV 以下电压等级电力设施的安装、维修或者试验活动。取得五级许可证的，可以从事 10kV 以下电压等级电力设施的安装、维修或者试验活动。

2. 业扩工程施工验收报审资料

用户受电工程施工、试验完工后，应向供电企业提出工程竣工报告，报审资料应包括：

（1）客户竣工验收申请书；

（2）工程竣工图及说明；

（3）变更设计说明；

（4）隐蔽工程的施工及试验记录；

（5）电气试验及保护整定调试记录；

（6）电气工程监理报告和质量监督报告；

（7）安全用具的试验报告；

（8）运行管理的有关规定和制度；

（9）值班人员名单及资格；

（10）供电企业认为必要的其他资料或记录。

（二）业扩工程施工验收

供电企业接到客户的受电装置竣工报告及检验申请后，应及时组织检验。竣工检验前，应提前与客户预约时间，告知竣工检验项目和应配合的工作，组织相关人员开展竣工检验工作。对检验不合格的，供电企业应以书面形式一次性通知客户改正，改正后方予以再次检验，直至合格。检验合格方可送电。但自第二次检验起，每次检验前客户须按规定交纳重复检验费。

1. 业扩工程施工验收标准

GB 50147—2010《电气装置安装工程 高压电器施工及验收规范》

GB 50148—2010《电气装置安装工程 电力变压器、油浸电抗器、互感器施工及验收规范》

GB 50149—2010《电气装置安装工程 母线装置施工及验收规范》

GB 50575—2010《1kV 及以下配线工程施工与验收规范》

GB 50150—2006《电气装置安装工程 电气设备交接试验标准》

GB 50168—2006《电气装置安装工程 电缆线路施工及验收规范》

GB 50169—2006《电气装置安装工程 接地装置施工及验收规范》

GB 50170—2006《电气装置安装工程 旋转电机施工及验收规范》

GB 50171—2012《电气装置安装工程 盘、柜及二次回路接线施工及验收规范》

GB 50172—2012《电气装置安装工程 蓄电池施工及验收规范》

GB 50173—1992《电气装置安装工程 35kV 及以下架空电力线路施工及验收规范》

GB 50310—2002《电梯工程施工质量验收规范》

GB 50233—2005《110～500kV 架空送电线路施工及验收规范》

GB 50254—1996《电气装置安装工程 低压电器施工及验收规范》

GB 50255—1996《电气装置安装工程 电力交流设备施工及验收规范》

GB 50303—2002《建筑电气工程施工质量验收规范》

电力行业标准及省（自治区、直辖市）电力管理部门的规定和规程。

2. 业扩工程施工验收内容

（1）竣工检验范围应包括用电信息采集终端、工程施工工艺、建设用材、设备选型及相关技术文件，安全措施。

（2）检验重点项目应包括线路架设或电缆敷设，高、低压盘（柜）及二次接线检验，继电保护装置及其定值，配电室建设及接地检验，变压器及开关试验，环网柜、电缆分支箱检验，中间检查记录，电力设备入网交接试验记录，运行规章制度及入网工作人员资质检验，安全措施检验等。

对检查中发现的问题，应以《受电工程缺陷整改通知单》书面通知客户整改。客户整改完成后，应报请供电企业复验。

竣工检验合格后，应根据现场情况最终核定计费方案和计量方案，记录资产的产权归属信息，形成《客户受电工程竣工验收单》，及时告知客户做好接电前的准备工作要求，并做好相关资料归档工作。准备工作包括结清相关业务费用、签订《供用电合同》及相关协议、办结受电装置接入系统运行的相关手续。

三、装表接电

接电是供电企业将申请用电客户的受电装置接入供电网的行为。接电后，客户合上自己的开关，即可开始用电。这是业务扩充工作中最后的一个环节。一般安装电能计量装置与接电同时进行，故又称装表接电。

电能计量装置和用电信息采集终端的安装应与客户受电工程施工同步进行。

（1）现场安装前，应根据审核通过后的设计图纸文件确认安装条件，领取智能电能表及互感器、采集终端等相关器材，并提前与客户预约装表时间。

（2）采集终端、电能计量装置安装结束后，应核对装置编号、电能表起度及变比等重要信息，及时加装封印，记录现场安装信息、计量印证使用信息，请客户签字确认。

正式接电前，完成接电条件审核，并对全部电气设备做外观检查，确认已拆除所有临时电源，并对二次回路进行联动试验，抄录电能表编号、主要铭牌参数、止度数等信息，并请客户签字确认。

实施接电前，一般应具备以下条件：

（1）启动送电方案已审定；

（2）新建的供电工程已验收合格，客户的受电工程已竣工检验合格；

（3）《供用电合同》及相关协议已签订；

（4）相关业务费用已结清；

（5）电能计量装置、用电信息采集终端已安装检验合格；

（6）客户电气人员具备上岗资质；

（7）客户安全措施已齐备等。

上述条件均已具备，供电企业内部已会签同意后，客户变电站方可投入运行。接电前，电能计量运行部门应再次根据变压器容量核对表用互感器的变比和极性是否正确，以免发生计量差错；检查员应对客户变电站内全部电气设备再做一次外观查，通知客户拆除一切临时电源，对二次回路进行联动试验。当计量用表计安装完毕后，即可与调度部门取得联系（低压客户应与配电工区或城网班联系），将客户变电站投入运行。对允许并解列操作的双电源客户还应定相。在客户变电站投入运行后，应检查电能表运转情况是否正常，相序是否正确，抄录电能表指示数作为计费起始的依据，用电工作票请客户签章后接电任务完成。接电后应检查采集终端、电能计量装置运行是否正常，并会同客户现场抄录电能表示数，记录送电时间、变压器启用时间及相关情况。

接电时限应满足以下要求：对于无外线工程的低压居民客户，在正式受理用电申请后，3个工作日内完成装表接电工作；对于有外线工程的低压居民客户，在受理用电申请后5个工作日内完成装表接电；对于无外线工程的低压非居民客户，在正式受理用电申请后，4个工作日内完成装表接电工作；对于有外线工程的低压非居民客户，在受理用电申请后8个工作日内完成装表接电；对于高压客户，在竣工验收合格，签订供用电合同，并办结相关手续后，5个工作日内完成送电工作。对于客户有特殊要求的，按照与客户约定的时间装表接电。接电后，报装工作结束，供用电关系确立。

接电完成后，应在3个工作日内收集、整理并核对归档信息和资料，形成资料清单，建立客户档案。扩客户资料归档后5个工作日内，由国网客服中心负责通过95598电话，开展客户满意度、业务办理时限、业务收费、知情权和选择权的保障情况回访。

任务五 《供用电合同》的签订与变更

【教学目标】

知识目标：掌握供用电合同的基本内容；掌握供用电合同的签订与变更业务知识。

能力目标：能根据客户情况正确选择合同类型；能参考合同范本完成供用电合同的草签；熟知合同签订、变更与解除的流程与方法。

【任务描述】

学习供用电合同的基本内容、分类和适用范围，按照合同签订依据的相关文件和合同签订的流程完成供用电合同签订，形成合同文本。依据合同变更和解除的条件完成合同的变更和解除。

【任务准备】

1. 供用电合同的基本内容有哪些？

2. 供用电合同分为哪些类型？各类供用电合同分别适用什么客户？

3. 供用电合同签订的原则是什么？

4. 供用电合同签订的流程和有关要求是什么？什么情况下可变更和解除供用电合同？哪些情况下属于无效的供用电合同？

【任务实施】

给出典型客户供电方案及合同范本，引导学生正确选择合同类型，填写相关条款完成合同文本。

【相关知识】

一、供用电合同的概念

合同也叫契约，经济合同是合同的一部分，经济合同是法人之间及具有生产经营资格的当事人之间为实现一定经济目的，明确相互权利义务关系的协议。为适应社会主义市场经济体制的建立和发展，国家把供用电合同作为一项重要的法律制度在《中华人民共和国电力法》（简称《电力法》）和《电力供应与使用条例》中加以确立和规范。《供用电合同》是经济法中的基本合同之一，它是确立电力供应与使用关系，明确供用双方权利和义务的法律文书，是供电企业与客户之间就电力供应、合理使用等问题，经过协商建立供用电关系的一种形式。

二、供用电合同签订的目的

供用电合同旨在确立供用电双方的电力买卖关系，明确各方的权利和义务。订立供用电合同是用电申请人取得用电权的一个很重要的形式要件。合同一旦签订，供用双方的供用电行为都将受到合同的约束，其合法权利受到法律保护。因此，依法订立供用电合同，全面履行供用电合同，无论对社会，还是对供用电双方来说都是至关重要的。

签订供用电合同的目的主要有以下几方面：

```
        ┌─────────┐
        │  开始   │
        └────┬────┘
             │
   ┌─────────▼─────────┐
   │     合同起草      │◄──────┐
   └─────────┬─────────┘       │
             │                 │
   ┌─────────▼─────────┐       │
   │     合同审核      │       │ 否
   └─────────┬─────────┘       │
             │                 │
        ╱─────────╲            │
       ╱ 审核是否  ╲───────────┘
       ╲  通过     ╱
        ╲─────────╱
             │ 是
   ┌─────────▼─────────┐
   │     合同审批      │
   └─────────┬─────────┘
             │
        ╱─────────╲
       ╱ 审批是否  ╲──── 否
       ╲  通过     ╱
        ╲─────────╱
             │ 是
   ┌─────────▼─────────┐
   │     合同签订      │
   └─────────┬─────────┘
             │
   ┌─────────▼─────────┐
   │     合同归档      │
   └─────────┬─────────┘
             │
        ┌────▼────┐
        │  结束   │
        └─────────┘
```

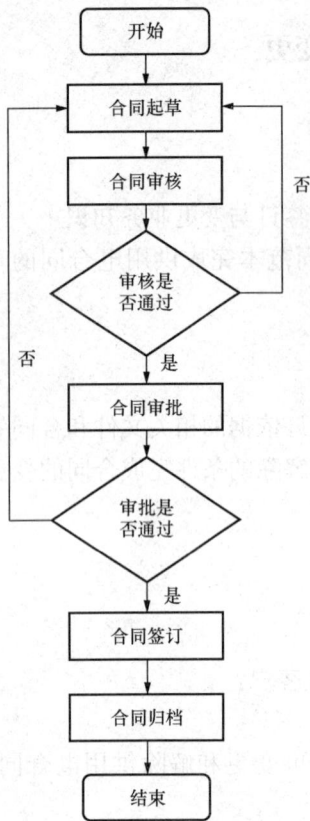

图 1-6　供用电合同签订的流程

（1）保护合同当事人的合法权利；

（2）明确双方的责任；

（3）维护正常的供用电秩序。

三、供用电合同签订的原则

供用电双方当事人签订供用电合同应当根据《中华人民共和国合同法》（简称《合同法》）的规定遵守下列基本原则：

（1）合法原则。

（2）平等、自愿、互利、协商一致的原则。

（3）供电方和客户在供电前签订供用电合同的原则。

（4）客户需要与供电企业可供能力相结合的原则。

四、供用电合同签订的流程

供用电合同签订的流程如图 1-6 所示。

（1）合同起草。选择合同范本，在范本基础上编制形成新的供用电合同。

（2）合同审核。根据相应的权限，对提交的供用电合同进行审核并签署审核意见。

（3）合同审批。按照法律、法规及国家有关政策，对审核后的供用电合同进行审批，签署审批意见。

（4）合同签订。将审批后的供用电合同文本交客户签署，客户对供用电合同的内容进行审核，如无异议，用电客户的签约人在供用电合同的文本上签字、签章；如有异议，在双方协商一致的前提下，重新修订供用电合同条款。供用电合同正式签署时，用电报装部门应记录客户接受供用电合同的日期，供用电合同双方的签字、签章日期、签订地点。利用密码认证、智能卡、手机令牌等先进技术，推广应用供用电合同网上签约。

（5）合同归档。将已生成的供用电合同文本、附件等资料及签订人的相关资料按照档案的存放规定进行归档。

五、供用电合同的签订过程

1. 供用电合同的选择

供用电合同书面形式可分为标准格式和非标准格式两类。标准格式合同适用于供用电方式简单、一般性用电需求的用户；非标准格式合同适用于供用电方式特殊的客户。

特殊客户包括：

（1）客户受电电压等级在 110kV 及以上；

（2）跨供电营业区供电的高压电力客户；

（3）有非正弦负荷、冲击负荷、三相不平衡负荷等，容量在 1000kVA 及以上的客户；

（4）有并网电厂、自备电厂、自有电厂的客户。

由于电力是一种网络化连续供应的商品，合同标的异常特殊，而且供电户数多，用电需求各异，使供用电合同的签约内容较为复杂。因此，可根据用电类别、用电容量、电压等级的不同，分类制定出适应不同类型用户需要的标准格式的供用电合同。根据我国的实际情况并考虑不同客户的特点，将供用电合同分为六类：

(1) 高压供用电合同：适用于供电电压为 10kV（含 6kV）及以上的高压电力客户。

(2) 低压供用电合同：适用于供电电压为 220V/380V 的低压普通电力客户。

(3) 临时供用电合同：适用于短时、非永久性用电的客户。

(4) 趸购电合同：适用于以向供电企业趸购电力，再转售给客户购电的情况。

(5) 委托转供电协议：适用于公用供电设施未到达的地区，供电方委托有供电能力的客户（转供电方）向第三方（被转供电方）供电的情况。这是在供电方分别与转供电方和被转供电方签订供用电合同的基础上，三方共同就转供电有关适宜签订的协议。

(6) 居民供用电合同：居民供用电合同可以采用背书的方式处理。

根据供用电合同的分类，选择适当的合同范本，在范本的基础上根据客户具体供电情况编制生成新的供用电合同。

2. 供用电合同签订的依据

供电企业和客户应当在正式供电前，根据客户用电需求和供电企业的供电能力，以及办理用电申请时双方已认可或协商一致的下列文件，签订供用电合同：

(1) 用户的用电申请报告或用电申请书；

(2) 新建项目立项前双方签订的供电意向性协议；

(3) 供电企业批复的供电方案；

(4) 用户受电装置施工竣工检验报告；

(5) 用电计量装置安装完工报告；

(6) 供电设施运行维护管理协议；

(7) 其他双方事先约定的有关文件。

对于用电量大的客户或对供电有特殊要求的客户，在签订供用电合同时，可单独签订电费结算协议和电力调度协议等。

供用电合同应采用书面形式。经双方协商同意的有关修改合同的文书、电报、电传和图表也是合同的组成部分。

3. 供用电合同签订的有关要求

(1) 供用电合同的签订管理应根据业扩与变更业务的流程需要适时启动，并在送电前完成与客户的签订确认工作。

(2) 居民供用电合同的当事人申请用电时，供电人应提请申请人阅读（对不能阅读须知的申请人，供电人应协助其阅读）后，由用电人签字（盖章），委托代理人办理的，由委托代理人签字（盖章）；供电企业签约人是供电企业法人代表或具有签约资格的委托代理人，并填写供用电双方的签字、签章日期，加盖"供用电合同专用章"后生效。与其他客户签订合同时，需加盖"供用电合同专用章"和客户的"合同专用章"或公章后生效。

(3) 订立居民供用电合同的用电人一般是自然人，自然人包括中国境内的外国人。用电人订立合同应当具有相应的民事权利能力和民事行为能力。完全民事权利的自然人具有订立合同的能力、主体资格，可以签订合同。限制民事行为能力的自然人具有一定的订立合同的行为能力，可以进行与其年龄、智力或精神健康状况相适应的民事活动，订立相应的合同，超出其民事行为能力的订立合同行为则需要其代理人代理。无民事行为能力的自然人不具备订立合同的民事行为能力，只能由其法定代理人订立合同。用电人是法人、其他组织，与供电企业签署供用电合同的，如合同签署人不是法人的法定代表人或不是组织的行政负责人，应取得法定代表人或其他组织的行政负责人的授权书，代表法人、其他组织与供电企业签署合同。

（4）用电人在签订供用电合同时，必须出示用电人或委托代理人的证件原件，并将原件影印件交由供电企业作为供用电合同附件以备查。用电人申请用电提供的有效证件，必要时供电企业受理用电申请的机构应与发证机构核实证件的真伪。

（5）签订供用电合同的过程、生效日期应符合有关规定或合同中约定的条款，合同签署生效后，供电人应及时将用电人受电装置纳入电网，供电人与用电人正式建立供用电关系，供用电合同对双方依法产生约束力。确定的供电方案、装表接电日期应符合《供电服务监管办法（试行）》中的规定。

4. 供用电合同的续签与补签

（1）供用电合同的续签。合同续签是指在供用电合同即将到期时，供电企业与用电客户为了继续保持原有的供用电关系，双方在原合同条款内容的基础上，继续签订新合同期内的供用电合同，以延长供用电合同的有效期，保持其有效性和合法性。续签合同按新签合同的正式签订流程办理，包括起草、审核、审批、签订、归档等流程。续签供用电合同时，可将原供用电合同废止，并以原有的供用电合同为基础，沿用原有的供用电合同范本，在此范本的基础上编制新的供用电合同，也可对原供用电合同部分条款进行修改、补充，经双方签订，使供用电合同继续有效。原合同中有约定："合同期满前，经供电人、用电人协商对合同无异议时，合同有效期可顺延"条款的，原合同满足该条款要求时，可不办理续签手续。

（2）供用电合同的补签。合同补签是指为维护正常的供用电秩序，依法保护供电企业和用电客户的合法权益，对已经正式签订供电立户的客户，供电企业在供电之前未与客户签订供用电合同的，与客户补签供用电合同。补签合同按新签合同的正式签订流程办理，包括起草、审核、审批、签订、归档等流程。

5. 无效合同

属于下列情形的供用电合同为无效合同：

（1）违反法律法规的合同；

（2）采取欺诈、胁迫等手段所签订的合同；

（3）代理人超越代理权限签订的合同，或以被代理人的名义同自己或者同自己所代理的其他人签订的合同；

（4）违反国家利益或社会公共利益的合同。

六、供用电合同的主要条款

（一）供电方式、供电质量和供电时间

1. 供电方式

在供用电合同中明确供电方式，即明确供电电压等级、相数、多电源或单电源、主电源和备用电源、保安电源、出线地点、直供或转供、专线或公用线路、趸售、永久供电或临时供电等。

2. 供电质量

供电质量指供电频率、电压、波形、可靠性等。

（1）供电频率波动的允许值。

1）在电力系统正常状况下，供电频率的允许偏差：①电网装机容量在 300 万 kW 及以上的，为 ±0.2Hz；②电网装机容量在 300 万 kW 以下的，为 ±0.5Hz。

2）在电力系统非正常状况下，供电频率允许偏差不应超过±1.0Hz。

（2）电压波动的允许值。

1）在电力系统正常状况下，供电企业客户受电端的供电电压允许偏差：①35kV及以上电压供电的，电压正、负偏差的绝对值之和不超过额定值的10%；②10kV及以下三相供电的，电压偏差为额定值的±7%；③220V单相供电的，电压偏差为额定值的+7%、−10%。

2）在电力系统非正常状况下，客户受电端的电压最大允许偏差不应超过额定值的±10%。

（3）波形畸变的规定。电网公共连接点电压正弦波畸变率和客户注入电网的谐波电流不得超过GB/T 14549—1993《电能质量 公用电网谐波》的规定。

客户非线性阻抗特性的用电设备接入电网运行所注入电网的谐波电流和引起公共连接点电压正弦波畸变率超过标准时，客户必须采取措施予以消除；否则，供电企业可中止对其供电。

客户的冲击负荷、波动负荷、非对称负荷对供电质量产生影响或对安全运行构成干扰和妨碍时，客户必须采取措施予以消除。如不采取措施或采取措施不力，达不到GB/T 12326—2008《电能质量　电压波动和闪变》或GB/T 15543—2008《电能质量　三相电压不平衡》规定的要求时，供电企业可中止对其供电。

（4）供电可靠性。供电可靠性是指在规定的供电时间和供电指标内，对连续不间断供电的程度所作的规定。供电企业应不断改善供电可靠性，减少设备检修和电力系统事故对客户的停电次数及每次停电持续时间。供用电设备计划检修应做到统一安排。供电设备计划检修时，对35kV及以上电压供电的客户的停电次数，每年不应超过一次；对10kV供电的客户，每年不应超过三次。供电企业和客户的供用电设备计划检修应相互配合，尽量做到统一检修。在电力系统正常运行的情况下，供电方应向客户连续供电。遇有紧急检修需停电时，供电企业应按规定提前通知重要客户，客户应予以配合；事故断电，应尽快修复。

3. 供电时间

供电时间是指什么时间开始供电，什么时间停止供电，以及定时定期供电的具体时间等，实际上是供用电合同的履行期限及履行具体时间的规定。

（二）用电容量、用电地址和用电性质

用电容量指根据用电申请，并经供电方批准的受电设备容量。用电容量包括受电设备的总容量、保安容量、备用容量及受电点数量，各受电点变压器总数和容量、运行方式（多台变压器时）等。具体设备容量可列清单。

用电性质是客户用电所具有的属性的统称，包括行业分类、电价分类、负荷性质、生产班次、周休日等。

用电地址指用电场所的地理位置，即用电地点，如在某街道门牌号、乡（镇）村、村民组或自然村的某一方位等。用电地址实际上也属于供用电合同的履行地点，是供用电合同履行义务和接受义务的地点。

（三）计量方式和电价电费结算方式

在合同中明确用电计量方式（高压侧计量或低压侧计量），计量装置的产权归属、装设位置、装置主要参数，用电计量装置安装位置与产权分界处不对应时，每月线损与变压器损耗电量在各类电量中的分摊及用电构成比例等。

在合同中明确所执行的电价，包括计费容量、功率因数考核标准、分类电价。电费结算方式包括抄表日期、收费日期、收费方式，同时明确用电方不得以任何方式、任何理由拒付电费。用电方对用电计量、电费有异议时，应先交清电费，然后双方协商解决或请求电力管理部门调解，直至申请仲裁或提起诉讼。

（四）供用电设施维护责任划分

在供用电合同中应经双方协商确认供电设施运行维护管理责任分界点。公用供电设施建成投产后，由供电企业统一维护管理，经主管部门批准供电企业可以使用、改造、扩建该供电设施；共用供电设施的维护管理，由产权单位协商确定，产权单位可以自行维护，也可以委托供电企业维护管理；客户专用的供电设施建成投产后，由客户维护管理或委托供电企业维护管理；属于临时用电等其他性质的供电设施，原则上由产权所有者运行维护管理，或由双方协商确定，并签订协议。

供电设施的运行维护管理范围，按产权归属确定。责任分界点按下列各项确定：

（1）公用低压线路供电的，以供电接户线客户端最后支持物为分界点，支持物属供电企业。

（2）10kV及以下公用高压线路供电的，以客户厂界外或配电室前的第一断路器或第一支持物为分界点。第一断路器或第一支持物属供电企业。

（3）35kV及以上公用高压线路供电的，以客户厂界外或客户变电站外第一基电杆为分界点。第一基电杆属供电企业。

（4）采用电缆供电的，本着便于维护管理的原则，分界点由供电企业与客户协商确定。

（5）产权属于客户且由客户运行维护的线路，以公用线路分支杆或专用线路接引的公用变电站外第一基电杆为分界点。专用线路第一基电杆属客户。

在电气上的具体分界点，由供用电双方协商确定。

（五）供用电合同有效期

供用电合同的有效期即合同履行期限，一般规定为1~3年。合同的有效期理论上应为供用电合同生效，用电人开始用电之日起至用电人申请销户（或被供电人依法强制销户）并停止供电之日止。规定合同的有效期，一方面便于供电人加强对供用电合同的管理，另一方面有利于就供用电环境的变化修签、修订供用电合同。由于电力供应与使用的同时性、连续性、电与社会生活的密不可分性，用电人除非破产、搬迁、连续不用电时间超过《供用电规则》规定的期限被销户外，用电人不会停止用电，因此，供用电双方在合同中应约定，合同到期后若双方均未书面提出变更、解除合同，则合同继续有效；一方提出变更合同内容，在变更内容未协商一致前，合同继续有效。双方均不应为获得不当利益，故意拖延合同变更内容的协商。

（六）双方共同认定应当约定的其他条款

这些条款由双方协商确定。如调度通信方式、继电保护方式、检测手段等。

七、违约责任及处理

（一）违约责任

依据《合同法》的规定，合同当事人不正当行使合同约定的权利，不履行合同约定的义务，均应承担违约责任。供用电双方是供用电合同的当事人，违反合同约定的，应当承担违约责任。违约责任条款应按《供电营业规则》的有关规定签订。

《供电营业规则》将违约责任分为电力运行事故责任、电压质量责任、频率质量责任、用电人逾期交付电费责任、用电人违约用电责任。

1. 供电方违约责任

供电方要按照国家规定供电标准和合同规定的电压质量、频率质量及其他约定条款安全供电。因故停电应事先通知客户，如无正当理由或由于供电方电压、频率、运行事故等原因造成断电时，供电方依合同赔偿客户损失。

（1）供电方因电力运行事故给客户造成损害的，供电方应按规定承担赔偿责任；但对有下列情况之一的，供电方不承担赔偿责任：

1）因电力运行事故引起开关跳闸，经自动重合闸装置重合成功的；

2）有自备电源和非电保安措施的；

3）多电源供电只停其中一路电源，而其他电源仍可满足保安需要的。

（2）供电方未能依法按规定的程序事先通知用电方停电，给用电方造成损失的，供电方应按《供电营业规则》第九十五条第1项承担赔偿责任。

《供电营业规则》对因故中止供电做出了规定：因故需要中止供电时，供电企业应按下列要求事先通知用户或进行公告：

1）因供电设施计划检修需要停电时，应提前7天通知客户或进行公告。

2）因供电设施临时检修需要停止供电时，应当提前24h通知重要用户或进行公告。

3）发供电系统发生故障需要停电、限电或者计划限、停电时，供电企业应按确定的限电序位进行停电或限电。但限电序位应事前公告客户。

（3）因供电方责任引起电能质量超出标准规定，给用电方造成损失的，供电方应按《供电营业规则》第九十六条、九十七条有关规定承担赔偿责任。

2. 用电方违约责任

由于客户责任造成供电企业对外停电或客户的功率因数未达到规定标准，以及客户在供电企业规定期限内未交清电费或因客户过错造成供电企业对外停电，客户应承担违约责任。

（1）由于用电方的责任造成供电方对外停电，用电方应按规定承担赔偿责任，但不承担因供电方责任使事故扩大部分的赔偿责任。

（2）由于用电方的责任造成电能质量不符合标准时，对自身造成的损害，由用电方自行承担责任；对供电方和其他客户造成损害的，用电方应承担相应的损害赔偿责任。

（3）用电方不按期交清电费的，应承担电费滞纳的违约责任。

（4）用电方违约用电承担违约用电责任。

实行趸售时，供电方、购电方擅自跨越本供电营业区供电的，按《中华人民共和国电力法》规定处理。转供电时，转供方不按规定停电给被转供方造成损失的，转供方应承担赔偿责任；由于被转供方责任造成供电方、转供方对外停电，并给其造成损失的，被转供方按规定对供电方、转供方及其他用电方承担赔偿责任，但不承担因供电方、转供方责任使事故扩大部分的赔偿责任。

（二）违约责任的处理方法

（1）供用电双方在合同中签订有电力运行事故责任条款的，按下列规定办理：

由于供电企业电力运行事故造成客户停电时，供电企业应按客户在停电时间内可能用电量的电度电费的5倍（单一制电价为4倍）给予赔偿。客户在停电时间内可能客电量，按照停电前客户正常用电月份或正常用电一定天数内的每小时平均用电量乘以停电小时求得。

由于客户的责任造成供电企业对外停电，客户应按供电企业对外停电时间少供电量，乘以上月份供电企业平均售电单价给予赔偿。

因客户过错造成其他客户损害的，受害客户要求赔偿时，该客户应当依法承担赔偿责任。虽因客户过错，但由于供电企业责任而使事故扩大造成其他客户损害的，该客户不承担事故扩大部分的赔偿责任。

对停电责任的分析和停电时间及少供电量的计算，均按供电企业的事故记录及《电业生产事故调查规程》办理。停电时间不足 1h 按 1h 计算，超过 1h 按实际时间计算。

（2）供用电双方在合同中签订有电压质量责任条款的，按下列规定办理：

客户用电功率因数达到规定标准，而供电电压超出规定的变动幅度，给客户造成损失的，供电企业应按客户每月在电压不合格的累计时间内所用的电量，乘以客户当月用电的平均电价的 20% 给予赔偿。

客户用电的功率因数未达到规定标准或其他客户原因引起的电压质量不合格的，供电企业不负赔偿责任。

电压变动超出允许变动幅度的时间，以客户自备并经供电企业认可的电压自动记录仪表的记录为准；如客户未装此仪表，则以供电企业的电压记录为准。

（3）供用电双方在合同中签订有频率质量责任条款的，按下列规定办理：

供电频率超出允许偏差，给客户造成损失的，供电企业应按客户每月在频率不合格的累计时间内所用的电量，乘以当月用电的平均电价的 20% 给予赔偿。

频率变动超出允许偏差的时间，以客户自备并经供电企业认可的频率自动记录仪表的记录为准；如客户未装此仪表，则以供电企业的频率记录为准。

（4）客户在供电企业规定的期限内未交清电费时，应承担电费滞纳的违约责任。

（5）因电力运行事故引起城乡居民客户家用电器损坏的，供电企业应按《居民用户家用电器损坏处理办法》进行处理。

（6）危害供用电安全、扰乱正常供用电秩序的违约用电者，应承担其相应的违约责任。

八、供用电合同的变更与解除

1. 允许供用电合同变更和解除的情况

供用电合同的变更或者解除，必须依法进行。有下列情形之一的，允许变更或解除供用电合同：

（1）当事人双方经过协商同意，并且不因此损害国家利益和扰乱供用电秩序；

（2）由于供电能力的变化或国家对电力供应与使用管理的政策调整，使订立供用电合同时的依据被修改或取消；

（3）当事人一方依照法律程序确定确实无法履行合同；

（4）由于不可抗力或一方当事人虽无过失，但无法防止的外因，致使合同无法履行。

供用电合同的变更有两种形式：一种是个别条款变更，供用电双方在确认原合同主要内容继续有效的基础上，就需要变更的条款签订补充协议，与原合同的有效条款一并生效执行；另一种是合同的多项条款需要变更，原合同已难以执行，双方应就变更的内容进行协商，协商一致后，重新签订合同。

供用电合同的解除是指在合同有效成立以后，当解除的条件具备时，当事人一方或双方的意思表示，使合同关系自始或仅向将来消灭的行为。

2. 常见的变更供用电合同情形

（1）增容、减容、分户、并户、更名（过户）、改压、改类等涉及法律主体更正或重要条款变更的，可重新与客户签订供用电合同。迁址、移表、暂拆、暂换、改类等，可制作合同补充条款，并在变更前与客户签订。

（2）原供用电合同条款不适应形势的变化或原合同已到期等引起合同约定的变更，如定比定量的调整、交费方式的变化等。

3. 常见的解除供用电合同情形

（1）用电人依法破产中止供用电合同。这里的用电人指企业法人，包括国有企业、民营企业、外资企业、中外合作企业等。企业破产以人民法院正式宣判的法律文书为准。对已破产的企业应予销户。

（2）用电人被工商行政管理部门依法注销工商登记。供电人对其销户，同时供电人拥有对用电人追缴所欠电费债务及其他债务的权利。

（3）用电人在缴清电费及合同约定的其他费用后，经用电人申请，供电人终止与用电人的供用电关系，解除供用电合同并予销户。

（4）用电人连续 6 个月不用电，也不申请办理暂停手续，供电人可按规定终止供电并销户，用电人欠缴供电人的电费债权及合同约定的其他债权，供电人有权要求原用电人清偿。

4. 供用电合同变更和解除的相关要求

（1）客户行使合同变更或解除权的，应向供电企业提出书面变更或解除申请。供电企业在收到客户要求变更或解除合同的文件、信函、电报后，必须及时处理，按规定时限予以答复。

（2）供电企业需要变更、解除合同时，应在法律规定或合同约定的条件下，在合同有效期内书面送达客户。有关送达证据应妥善保存并及时归档。

（3）供用电合同的变更与解除必须采用书面形式，仍按合同新签的流程：起草、审核、审批、签订的有关规定办理。经主管部门批准的供用电合同，变更、解除合同应报原批准机关批准。

（4）供用电合同变更后，按变更后的供用电合同或新补充条款的内容履行；供用电合同解除后，供用电合同效力终止，供电企业应及时办理客户销户手续，应在合同文本封面右上盖供用电合同废止章。供用电合同废止章应统一规格、统一编号、专人保管。

5. 供用电合同变更与解除的责任

供用电合同可以依法或经双方协商一致变更或者解除，在变更或解除供用电合同前，应先履行供用电双方的债务关系，才可变更或解除供用电合同。变更、解除手续未办完结前，仍按原供用电合同的内容履行。

经供用电双方协商一致或者依照法律法规的规定变更或解除供用电合同是一种合法的行为。但是，由于一方当事人要求变更或解除供用电合同而使另一方当事人遭受损失时，除依照法律法规可以免除责任外，其损失应当由提出变更或解除合同的一方当事人赔偿。《供电营业规则》中规定下列情况可以免除供用电合同变更与解除的责任：

（1）当事人双方经协商同意，并且不损害国家利益和扰乱供用电秩序。

（2）由于供电能力的变化或国家电力供应与使用管理的政策调整，使订立供用电合同时的依据被修改或取消。

（3）当事人一方依照法律程序确定确实无法履行合同。

任务六 变更用电业务处理

【教学目标】

知识目标：掌握变更用电的工作内容及类别；熟知变更用电业务流程及工作处理规定。

能力目标：具备变更用电业务受理及咨询的基本能力。

【任务描述】

根据变更用电业务受理规范完成客户变更用电业务申请受理和相关咨询，告知办理变更用电需提供的资料、办理的基本流程、工作要求和标准，引导并协助客户填写变更用电申请书；查验客户资料是否齐全、申请单信息是否完整、检查证件是否有效。

【任务准备】

1. 客户申请变更用电需提供哪些资料？

2. 客户申请变更用电需要办理什么手续？

3. 客户申请变更用电需填写什么表格？

4. 变更用电的流程怎样？

【任务实施】

了解客户需求，确定变更用电类型，按照供电企业变更用电相关规定告知客户准备相关变更用电资料，查验客户资料的完整性和有效性，审核客户历史用电情况，协助客户填写变更用电申请，在营销业务系统中完成信息录入和传递。

【相关知识】

一、变更用电业务基本知识

电力客户在正常使用电力的过程中，经常会遇到一系列的变更用电事宜，以适应生产和生活变化的需要。供电企业的营销部门负责办理电力客户在用电过程中变更业务事项的服务和管理工作。变更用电业务是供电企业实现电力销售进行的控制活动，是供电企业营销活动的重要工作内容。这项工作范围大、项目多、内容广，政策性、社会性和服务性很强，关系着企业的效益和形象，广大电力职工要规范、真诚地为客户服务，使客户感到电力服务的优质和方便。

1. 变更用电业务类别

变更用电是指改变由供用电双方签订的《供用电合同》中约定的有关用电事宜的行为。根据《供电营业规则》，变更用电业务可分为减容、暂停、暂换、迁址、移表、暂拆、更名或过户、分户、并户、销户、改压、改类 12 大类。

（1）减容：减少合同约定的用电容量。

（2）暂停：暂时停止全部或部分受电设备的用电。

（3）暂换：临时更换大容量变压器。

（4）迁址：迁移受电装置用电地址。

（5）移表：移动电能计量装置的安装位置。

（6）暂拆：暂时停止用电并拆表。

（7）更名或过户：改变用电客户的名称。

（8）分户：一户分列为两户及以上的客户。

（9）并户：两户及以上客户合并为一户。

（10）销户：合同到期终止用电。

（11）改压：改变供电电压等级。

（12）改类：改变用电类别。

2. 办理变更用电手续

客户需变更用电时，应提前5天提出申请，并携带有关证明文件，到供电企业用电营业场所办理手续。

（1）客户办理变更用电业务时，应填写"用电申请表"（见表1-1）和相应的变更用电说明。

（2）客户办理变更用电时应提供的相关资料及要求：

1）原供用电合同、营业执照副本或相关机构代码、法人身份证原件和复印件，并出示电费已结清的单据。

2）居民申请过户、分户、并户的，应携带双方有效身份证件、房产证原件和复印件，以及双方协议。

3）机关、企事业单位、社会团体、部队等申请更名或过户、分户、并户的，应出具双方协议，并提供新户的银行账号、用电性质。

4）高、低压供电客户内部设备更新和改造，应提供更新和改造的设计图纸。

5）客户减容、暂停、迁址，须提前5天向供电企业提出申请。

6）临时用电客户除办理销户外不得办理其他变更用电事宜。

7）客户连续6个月不用电，也不申请办理暂停用电手续者，供电企业必须以销户终止其用电，客户需再用电时，按新装用电办理。

二、变更用电业务流程及工作处理

客户需要变更用电时，应事先提出申请，并携带有关证明文件，到供电企业营业场所办理手续，变更供用电合同。

（一）减容

减容是指客户正式用电后，由于生产经营情况发生变化，客户考虑到原用电容量过大，不能全部利用，为了减少基本电费的支出或节能的需要，向供电企业提出申请减少供用电合同规定的用电容量的一种变更用电事宜。客户减容，需提前5天向供电企业提出申请。供电企业应按下列规定办理：

（1）减容必须是整台或整组变压器的停止或更换小容量变压器用电。供电企业在受理之日后，根据客户申请减容的日期对设备进行加封。从加封之日起，按原计费方式减收其相应容量的基本电费。但客户申明为永久性减容的或从加封之日起期满2年又不办理恢复用电手续的，其减容后的容量已达不到实施两部制电价规定容量标准时，应改为单一制电价计费。

（2）减少用电容量的期限，应根据客户所提出的申请确定，但最终期限不得少于6个月，最长期限不得超过 2 年。

（3）在减容期限内，供电企业应保留客户减少容量的使用权。客户超过减容期限要求恢复用电时，应按新装或增容手续办理。

（4）在减容期限内要求恢复用电时，应提前 5 天向供电企业办理恢复用电手续，基本电费从启封之日起计收。

（5）减容期满后的客户以及新装、增容客户，2 年内不得申办减容或暂停。如确需继续办理减容或暂停的，减少或暂停部分容量的基本电费应按 50% 计算收取。

在办理减容手续时，还应该注意下列事项：

1）按减容后的总用电容量（用电设备容量或受电变压器容量或直供高压电动机容量）配置或更换相应的计量装置，属于高供低计加收变压器损耗电量的客户，应自换装和撤除变压器之日起，减少变压器损耗电量。

2）了解客户减容后的用电性质与减容前有无变化，如用电性质发生变化，应另按"改类"办理。若客户的用电容量少于 100kVA，则取消对客户用电功率因数考核。

3）如因客户用电容量变化而涉及供电方式改变，即高压供电改为低压供电，应另按"改压"的有关规定办理。

4）双电源客户申请减容，应考虑其备用容量的相关改变。

5）客户申请减容应同时修订或重新签订供用电合同。

减容业务流程图如图 1-7 所示。

（二）暂停

客户正式用电后，由于生产、经营情况发生变化，需要临时变更或设备检修或季节性用电等，需要短时间内停止使用一部分或全部用电设备容量。在一部分或全部设备停止用电期间，客户为了节省和减少电费支出，向供电企业提出停止一部分或全部受电变压器运行的一种变更用电事宜，叫"暂停"。客户暂停，需提前 5 天向供电企业提出申请，供电企业应按下列规定办理：

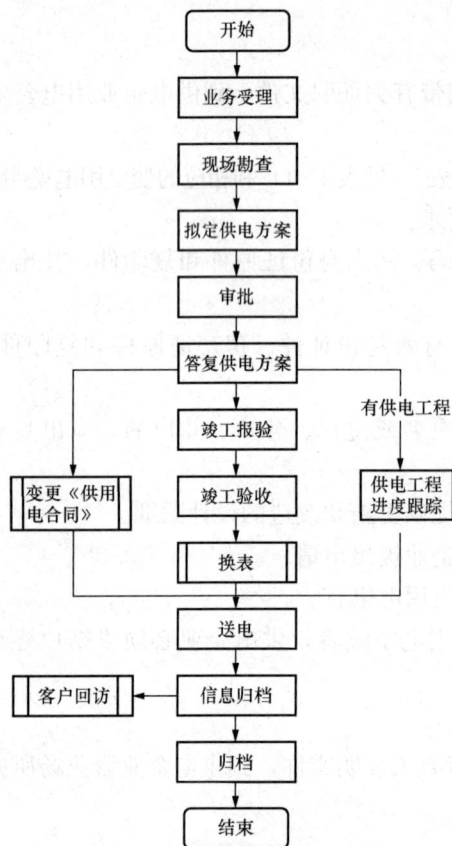

图 1-7　减容业务流程图

（1）客户在每年内，可申请全部（含不通过受电变压器的高压电动机）或部分用电容量的暂时停止用电 2 次，每次不得少于 15 天，1 年累计暂停使用不超过 6 个月。季节性用电或国家另有规定的客户，累计暂停时间可以另议。

（2）按变压器容量计收基本电费的客户，暂停用电必须是整台或整组变压器停止运行。供电企业在受理暂停申请后，根据客户申请暂停的日期对暂停设备加封。从加封之日起，按原计费方式减收其相应容量的基本电费。

（3）暂停期满或每年内累计暂停用电时间超过 6 个月者，不论客户是否申请恢复用电，供电企业须从期满之日起，按合同约定的容量计收其基本电费。

(4) 在暂停期限内，客户申请恢复暂停用电容量用电时，需在预定恢复日前 5 天向供电企业提出申请。暂停时间少于 15 天者，暂停期间基本电费照收。

(5) 按最大需量计收基本电费的客户，申请暂停用电必须是全部容量（含不通过受电变压器的高压电动机）的暂停，并遵守上述（1）～（4）项。

在办理暂停业务手续时，还应注意下列问题：

1）大工业客户暂停部分客电容量后，其未停止运行的设备容量，仍应按两部制电价计费不变，以保证营业工作的程序；

2）暂停期间计量装置对计量影响不大的，可不更换互感器的变比，高供低计加计变压器损耗电量的，应同时考虑减少变压器损耗电量；

3）双电源客户暂停客电时，备用电源容量不能大于主电源容量，也不能构成双电源单设备运行；

4）新装、增容客户 2 年内不得申办暂停；

5）高压专线供电客户如在雷雨季节申请全部暂停用电时，应通知有关部门将第二断路器拉开，通知客户将一次线断开，以防供电线路出现防雷空白点。

6）季节性电力客户是指用电负荷具有季节性特点的客户，如农业排灌用电，制糖用电，农业的打场、脱粒、烘干用电，办公取暖、制冷用电和其他季节性生产的用电等。

暂停业务流程图如图 1-8 所示。

（三）暂换

客户运行中的变压器发生故障或计划检修，无同容量的变压器可替换时，申请临时以较大容量的变压器代替的，称为"临时更换大容量变压器"，简称"暂换"。客户需在更换前向供电企业提出申请。供电企业需按下列规定办理：

(1) 必须在原受电地点内整台暂换受电变压器。

(2) 暂换变压器的使用时间，10kV 及以下的不得超过 2 个月，35kV 及以上的不得超 3 个月。逾期不办理手续的，供电企业可中止供电。

(3) 暂换的变压器经检验合格后才能投入运行。

(4) 对两部制电价客户必须在暂换之日起，按替换后的变压器容量计收基本电费。

在办理暂换业务手续时，还应注意下面问题：

1）严格审查其原因是否确实，必要时，由客户提供原变压器的检修证明，以防止个别客户以暂换大容量变压器之名，达到变相增容的目的；

2）在计费方面，对高供低计客户，要增收变压器损耗电量电费。

暂换业务流程图如图 1-9 所示。

（四）迁址

客户由于生产、经营原因或市政规划需迁移受电装置地址的，需提前 5 天向供电企业提出申请，供电企业应按下列规定办理：

(1) 原址按终止用电办理，供电企业予以销户，新址用电优先受理；

(2) 迁移后的新址不在原供电点供电的，新址用电按新装用电办理；

(3) 迁址后的新址在原供电点供电的，且新址用电容量不超过原址容量，新址用电引起的工程费用由客户负担；

```
                                                              ┌─────────┐
                                                              │  开始   │
                                                              └────┬────┘
                                                                   │
                                                              ┌────┴────┐
                                                              │ 业务受理 │
                                                              └────┬────┘
                                                                   │
                                                              ┌────┴────┐
           ┌─────────┐                                        │ 现场勘查 │
           │  开始   │                                        └────┬────┘
           └────┬────┘                                             │
                │                                             ┌────┴────┐
           ┌────┴────┐                                        │  审批   │
           │ 业务受理 │                                       └────┬────┘
           └────┬────┘                                             │
                │                                                  │         有供电工程
           ┌────┴────┐                                             │
           │ 现场勘查 │                                       ┌────┴────┐
           └────┬────┘                                        │ 竣工报验 │
                │                                             └────┬────┘
           ┌────┴────┐                  ┌──────────┐         ┌────┴────┐    ┌──────────┐
           │  审批   │                  │变更《供用电 │         │ 竣工验收 │    │ 供电工程 │
           └────┬────┘                  │  合同》   │         └────┬────┘    │ 进度跟踪 │
                │                       └──────────┘         ┌────┴────┐    └──────────┘
           ┌────┴────┐                                        │ 装表接电 │
           │  装表   │                                       └────┬────┘
           └────┬────┘                                             │
                │                       ┌──────────┐         ┌────┴────┐
           ┌────┴────┐                  │ 客户回访 │◄────────│ 信息归档 │
           │ 设备封停 │                 └──────────┘         └────┬────┘
           └────┬────┘                                             │
┌──────────┐    │                                             ┌────┴────┐
│ 客户回访 │◄───┤ 信息归档                                     │  归档   │
└──────────┘ ┌──┴──────┐                                      └────┬────┘
             └────┬────┘                                           │
                │                                             ┌────┴────┐
           ┌────┴────┐                                        │  结束   │
           │  归档   │                                       └─────────┘
           └────┬────┘
                │
           ┌────┴────┐
           │  结束   │
           └─────────┘
```

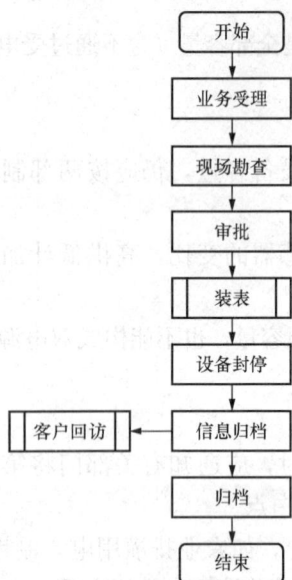

图 1-8　暂停业务流程图　　　　　　　　图 1-9　暂换业务流程图

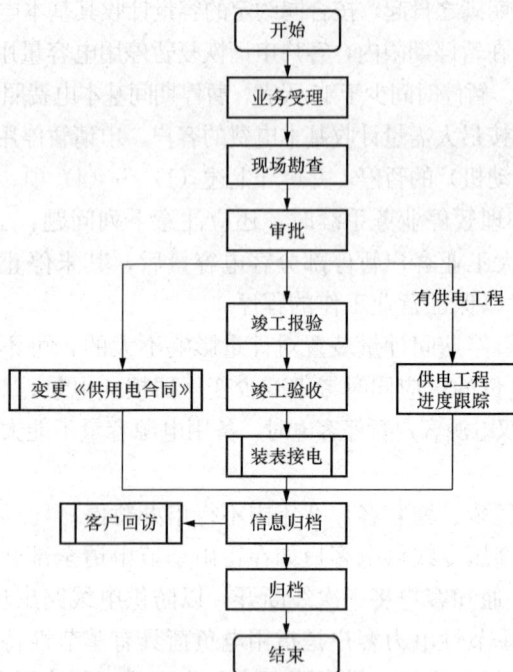

（4）迁移后的新址仍在原供电点，但新址用电容量超过原址用电容量的，超过部分按增容办理；

（5）私自迁移用电地址而用电者，除按违章用电处理外，自迁新址不论是否引起供电点变动，一律按新装用电办理。

供电点指客户受电电压同级的供电线路或该线路供电的变电（配电）站和直供的发电厂。对于公用供电的高压客户，受电电压同级的供电线路就是该客户的供电点。对于专线供电的客户，为专用线供电的变电站就是该专线客户的供电点。对低压供电的客户，低压供电的配电变压器就是该客户的供电点。

迁址业务流程图如图 1-10 所示。

（五）移表

客户在原用电地址内，因电能表妨碍房屋修缮，或因变（配）电室改造，涉及计量装置位置变动的，叫原址移表。客户移表，须向供电企业提出申请，供电企业应按下列规定办理：

（1）在用电地址、用电容量、用电类别、供电点等不变的情况下，可办理移表手续；

（2）移表所需的费用由客户负担；

（3）客户不论何种原因，不得自行移动表位，否则，按违章用电处理。

在受理移表时，还应注意下列几点：

1）若用电容量、用电类别改变，供电企业在受理时可以"分步走"，如先办理增（减）容、改类，再移表。

2）受理时应弄清移表原因，查清电源，选择适当表位，以及考虑客户线路架设应符合安全技术规定等问题，以防调查不清，出现移表纠纷。

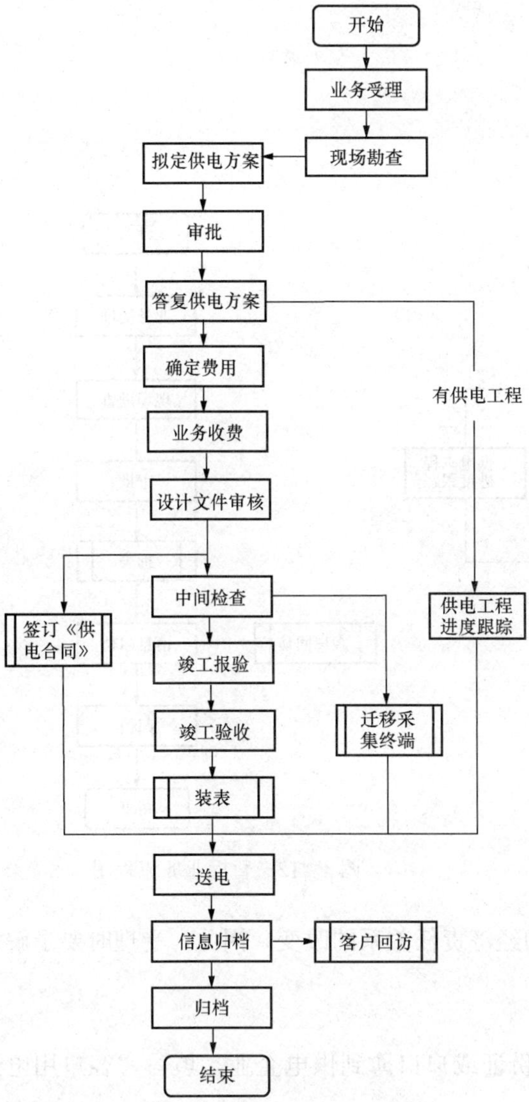

图 1-10 迁址业务流程图

3) 客户申请原址移表，涉及供电点改变时，按新装办理，对容量较大的客户，要特别注意变（配）电站或线路过负荷问题。

移表业务流程图如图 1-11 所示。

（六）暂拆

客户因修缮房屋等原因需要暂时停止用电并拆表的，应持有关证明向供电企业提出申请，供电企业应按下列规定办理：

（1）客户办理暂拆手续后，供电企业应在 5 天内执行暂拆。

（2）暂拆时间最长不得超过 6 个月。暂拆期间，供电企业保留该客户原容量的使用权。

（3）暂拆原因消除，客户要求复装接电时，须向供电企业办理复装接电手续并按规定交付费用。复装接电手续完成并交付费用后，供电企业应在 5 天内为该客户复装接电。

（4）超过暂拆规定时间要求复装接电者，按新装手续办理。

在受理暂拆申请时，还应注意下列几点；

1）要弄清暂拆原因和现场情况，防止申请人要求暂拆，但现场有人继续用电而出现用电纠纷；

2）暂拆客户容量较大时，在复装前应通知用电检查部门，审查其主要受电设施是否符合投入运行的要求，以保证供用电双方的安全运行。

暂拆业务流程图如图 1-12 所示。

（七）更名或过户

日常处理的改变客户名称的业务分两种情况：①原客户不变而仅依法变更企业、单位名称的，称更名；②原客户迁出，新客户迁入，改变了用电单位或用电代表人的，称过户。客户更名或过户，应持有关证明向供电企业提出申请，供电企业应按下列规定办理：

（1）在用电地址、用电容量、用电类别不变的条件下，允许办理更名或过户。

（2）原客户应与供电企业结清债务，才能解除原供用电关系。

（3）不申请办理过户手续而私自过户者，新客户应承担原客户所负债务。经供电企业检查发现客户私自过户时，供电企业应通知该户补办手续，必要时可中止供电。

图 1-11 的流程：

开始 → 业务受理 → 现场勘查 → 审批 → 确定费用 → 业务收费 → 竣工报验（变更《供用电合同》、迁移采集终端、供电工程进度跟踪）→ 竣工验收 → 装表接电 → 信息归档（客户回访）→ 归档 → 结束

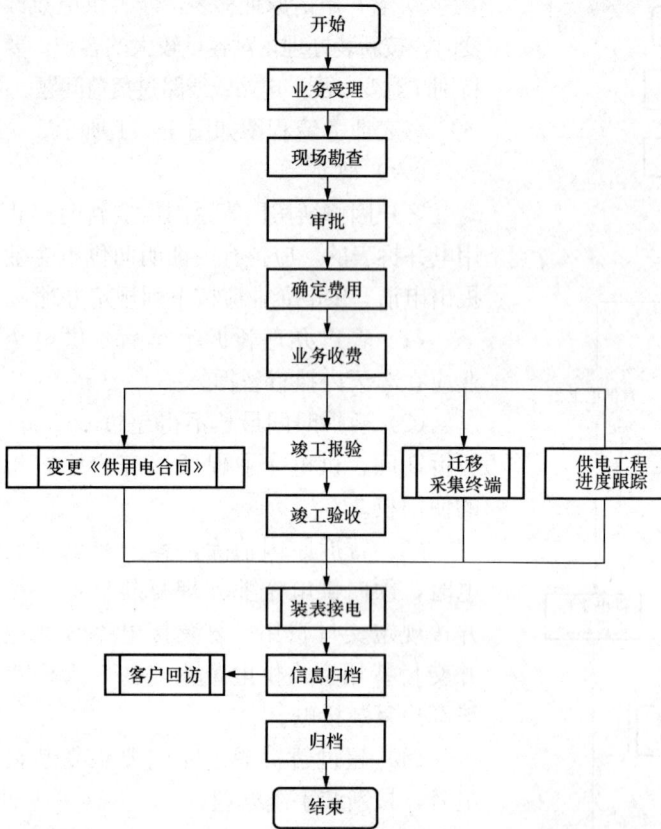

图 1-11　移表业务流程图

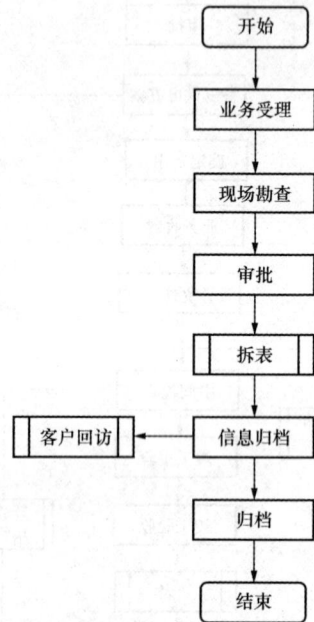

图 1-12 的流程：

开始 → 业务受理 → 现场勘查 → 审批 → 拆表 → 信息归档（客户回访）→ 归档 → 结束

图 1-12　暂拆业务流程图

由于过户涉及新、旧客户之间用电权利和经济责任关系的改变，因此，受理时要了解详细，还应注意下面的问题：

（1）居民用电客户申请过户。

1）新、旧用电代表人须持双方签章、身份证或户口簿到供电企业，填写"客户用电过户申请表"，结清电费后，方可办理过户手续；

2）办理过户手续时，电费保证金、电能表保证金不退还，供电企业即与确认的新户主发生债务关系。

（2）非居民用电的各类用户办理过户。

1）新、旧单位必须出具必要的函件，向供电企业申请办理过户，并在"客户用电过户申请表"上加盖新、旧用电单位公章；

2）办理过户手续时，电费保证金、电能表保证金不退还，供电企业即与确认的新客户发生债务关系；

3）若新、旧客户用电容量、用电类别不同申请过户的，可分步走，可以先过户，后增（减）容或改类；

4）对实行照明、动力分算但未分表计量的客户，应核查其照明用电容量，合理调整原定的照明、动力比；

5）如接有双电源供电的客户，过户后应审查新客户对供电可靠性的依赖程度，是否符

合双电源供电条件，如无必要，则应取消其双电源用电资格。

（3）过户时，供电企业应与新用户协商，重新签订供用电合同。

更名、过户业务流程图如图 1-13 所示。

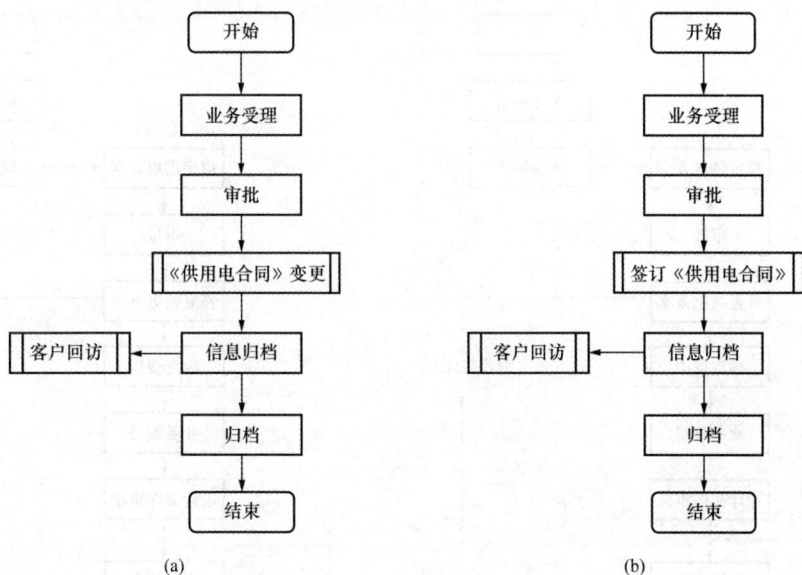

图 1-13　更名、过户业务流程图
（a）更名业务流程图；（b）过户业务流程图

（八）分户

原客户由于生产、经营、改制等方面原因，一户分列为两户及以上的客户，简称分户。客户分户应持有关证明向供电企业提出申请，供电企业应按下列规定办理：

（1）在用电地址、供电点、用电容量不变，且其受电装置具备分装条件时，允许办理分户；

（2）在原客户与供电企业结清债务的情况下，再办理分户手续；

（3）分立后的新客户应与供电企业重新建立供用电关系；

（4）原用户的用电容量由分户者自行协商分割，需要增容者，分户后另行向供电企业办理增容手续；

（5）分户引起的工程费用由分户者负担；

（6）分户后受电装置应经供电企业检验合格，由供电企业分别装表计费。

分户业务流程图如图 1-14 所示。

（九）并户

客户在用电过程中，由于生产、经营或改制方面的原因，两户及以上客户合并为一户，简称并户。客户并户应持有关证明向供电企业提出申请，供电企业应按下列规定办理：

（1）在同一供电点、同一用电地址的相邻两个及以上客户允许办理并户；

（2）原客户应在并户前向供电企业结清债务；

（3）新客户用电容量不得超过并户前各户容量之和；

（4）并户引起的工程费用由并户者负担；

（5）并户的受电装置应经检验合格，由供电企业重新装表计费。

供电企业在受理并户申请时，要注意并户后的客户用电容量达到实施两部制电价标准时，应改为两部制电价计收电费；若并户后用电容量、用电类别变化，则分步走，先并户，后按增（减）容、改类办理。并户后要重新签订供用电合同。

并户业务流程图如图 1-15 所示。

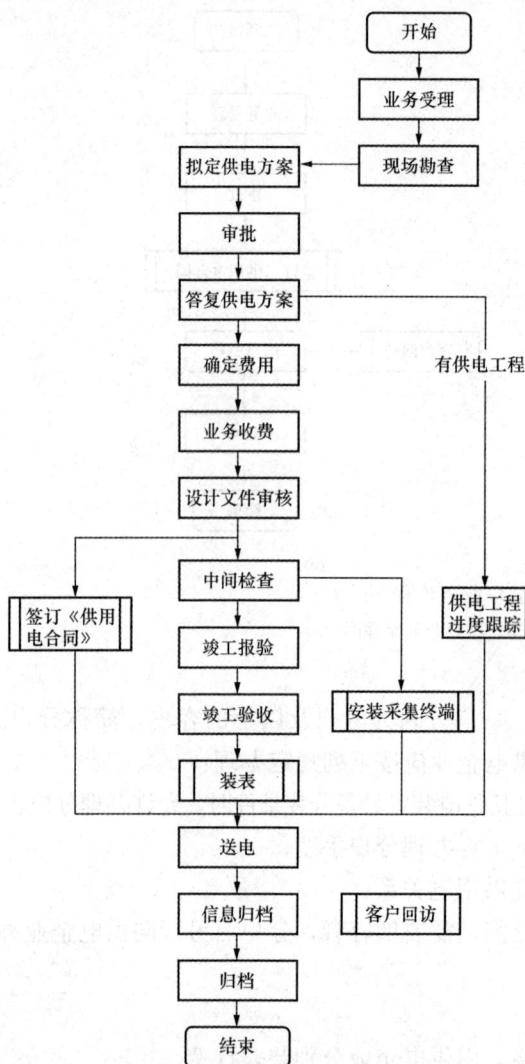

图 1-14　分户业务流程图　　　　　图 1-15　并户业务流程图

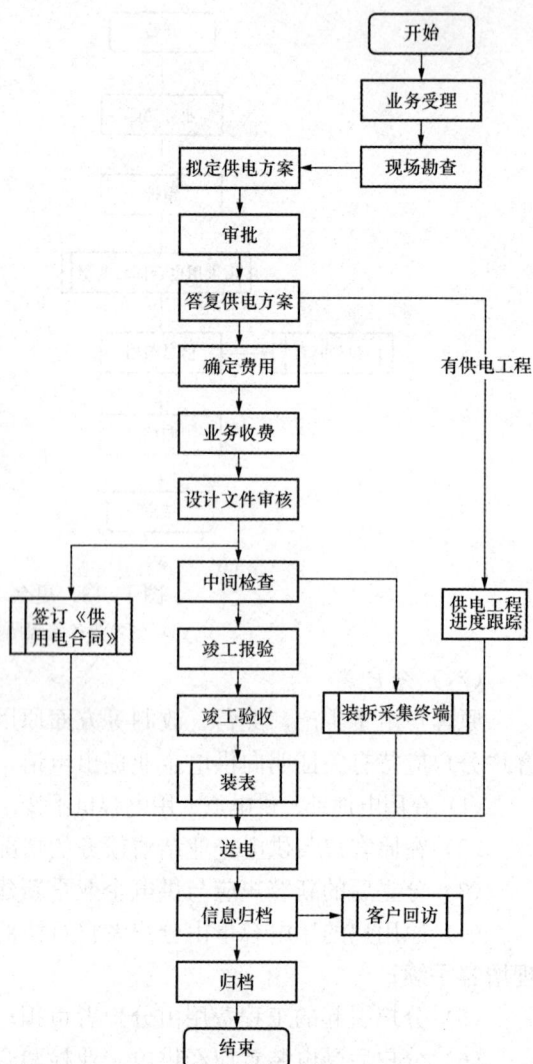

（十）销户

销户分两种情况：一种情况是客户由于合同到期终止用电而主动申请的销户；另一种情况是客户依法破产或连续 6 个月不用电，也不申请办理暂停手续，供电企业予以强制性销户，以防客户无期限地占用电网的供电能力，以致影响其他客户的报装接电和限制供电能力的充分利用。

1. 客户主动销户

客户主动销户须向供电企业提出申请，供电企业应按下列规定办理：

（1）销户必须停止全部用电容量的使用；

（2）客户已向供电企业结清电费；

（3）查验用电计量装置完好性后，拆除接户线和用电计量装置；

（4）客户持供电企业出具的凭证，领还电能表保证金和电费保证金。

2. 供电企业强制销户

供电企业强制销户时，应注意下列问题：

（1）"客户连续 6 个月不用电"是指客户的计费电能表的指数连续 6 个月不变或计量的电量不足变压器损耗时，即认为该客户已连续 6 个月不用电。

（2）客户因支付不起电费，而连续 6 个月不用电，也不向供电企业申明理由，供电企业须以销户终止其用电，并依法追缴电费。

（3）对于从破产户分离出来的新客户，必须在偿清原破产客户电费和其他债务后，方可办理过户手续；否则，即使在原址用电，也要按新装用电办理，违者供电企业按违章用电处理。

销户业务流程图如图 1-16 所示。

（十一）改压

客户正式用电后，由于客户原因需要在原址改变供电电压等级的，称为改压。客户改压应向供电企业提出申请，供电企业应按下列规定办理：

（1）改为高一等级电压供电，超过原容量者，超过部分按增容手续办理。

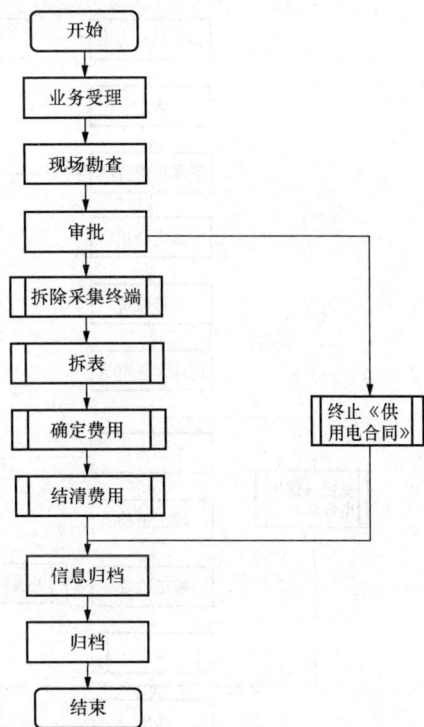

图 1-16　销户业务流程图

（2）改为低一等级电压供电时，超过原容量者，超过部分按增容手续办理。

（3）改压引起的工程费用由客户负担。由于供电企业的原因引起的客户供电电压等级变化的，改压引起的客户外部工程费用由供电企业负担。

供电企业在受理改压时，还要注意改压后供电点有无变化，要考虑客户线路架设是否应符合安全技术规定，要重新核定改压后客户电价，签订供用电合同；对较大的动力客户，还应同时注意因改压引起的计量方式和运行方式的变化。

改压业务流程图如图 1-17 所示。

（十二）改类

客户正式用电后，由于生产、经营情况发生变化，电力用途发生了变化，称为改变用电类别，简称改类。客户改类须向供电企业提出申请，供电企业应按下列规定办理：

（1）在同一受电装置内电力用途发生变化而引起用电电价类别改变时，允许办理改类手续；

（2）擅自改变用电类别应按违章用电处理。

供电企业受理改类时，要重新核定客户的电价、照明、动力的调整，重新签订供用电合同，对于原双电源的客户改类后重新核实是否符合双电源供电条件等。

改类业务流程图如图 1-18 所示。

```
                      ┌────────┐
                      │  开始  │
                      └───┬────┘
                      ┌───┴────┐
                      │ 业务受理 │
                      └───┬────┘
      ┌─────────┐     ┌───┴────┐
      │ 拟定供电方案 │←──│ 现场勘查 │
      └────┬────┘     └────────┘
      ┌────┴────┐
      │  审批   │
      └────┬────┘
      ┌────┴────┐
      │ 答复供电方案 │─────────────────┐
      └────┬────┘                    │
      ┌────┴────┐                    │
      │ 确定费用 │              有供电工程 │
      └────┬────┘                    │
      ┌────┴────┐                    │
      │ 业务收费 │                    │
      └────┬────┘                    │
      ┌────┴────┐                    │
      │ 设计文件审核 │                 │
      └────┬────┘                    │
┌────────┐┌────┴────┐         ┌──────┴──┐
│变更《供用 │←│ 中间检查 │         │ 供电工程 │
│电合同》 │ └────┬────┘         │ 进度跟踪 │
└────────┘ ┌────┴────┐         └─────────┘
           │ 竣工报验 │
           └────┬────┘
           ┌────┴────┐  ┌────────┐
           │ 竣工验收 │  │更换采集终端│
           └────┬────┘  └────────┘
           ┌────┴────┐
           │  装表   │
           └────┬────┘
           ┌────┴────┐
           │  送电   │
           └────┬────┘
           ┌────┴────┐  ┌────────┐
           │ 信息归档 │→ │ 客户回访 │
           └────┬────┘  └────────┘
           ┌────┴────┐
           │  归档   │
           └────┬────┘
           ┌────┴────┐
           │  结束   │
           └─────────┘
```

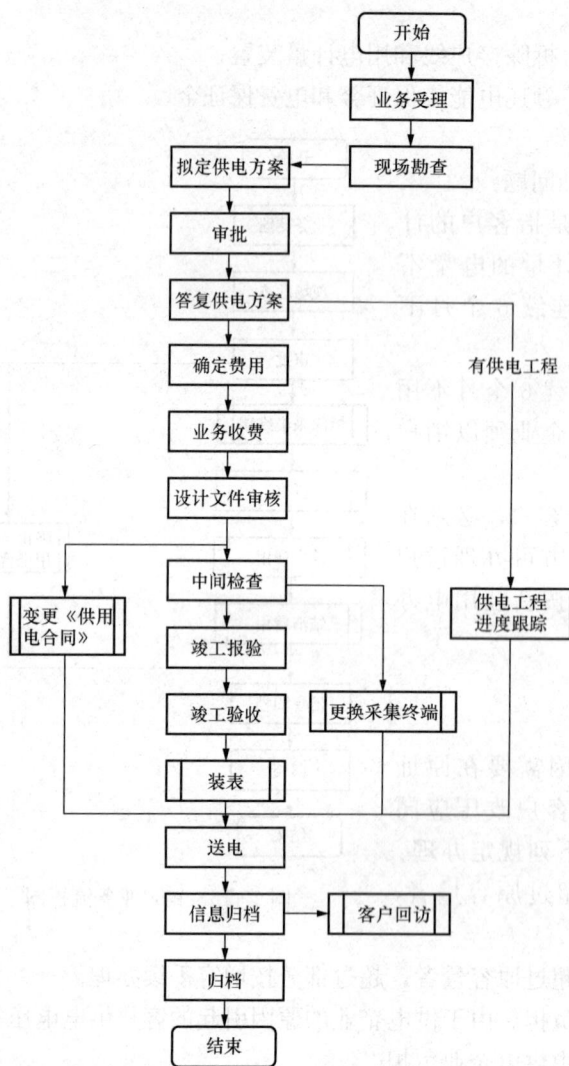

图 1-17　改压业务流程图

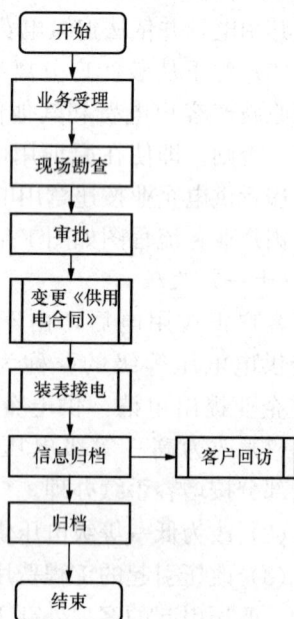

```
       ┌────────┐
       │  开始  │
       └───┬────┘
       ┌───┴────┐
       │ 业务受理 │
       └───┬────┘
       ┌───┴────┐
       │ 现场勘查 │
       └───┬────┘
       ┌───┴────┐
       │  审批   │
       └───┬────┘
       ┌───┴────┐
       │变更《供用 │
       │电合同》 │
       └───┬────┘
       ┌───┴────┐
       │ 装表接电 │
       └───┬────┘
       ┌───┴────┐  ┌────────┐
       │ 信息归档 │→ │ 客户回访 │
       └───┬────┘  └────────┘
       ┌───┴────┐
       │  归档   │
       └───┬────┘
       ┌───┴────┐
       │  结束   │
       └────────┘
```

图 1-18　改类业务流程图

三、变更用电业务的检查

供电营业厅在受理客户变更用电的有关业务后，需用电检查人员前往进行现场开展工作。

（1）客户减容或暂停变压器的，用电检查人员在收到办理的通知后，应赴现场，在对需暂停或减少容量的设备核对后加封，计量装置应该满足变更后的计量要求，否则，应该进行更换；待减容或暂停期满后，再去现场启封，重新投入使用，对停止使用较长时间的电气设备，应该重新试验，合格后方可使用。

（2）对暂换变压器的客户，要赴现场查勘，负责暂换设备的投运工作，暂换时间到期后，负责更换原来容量的变压器。

（3）对移表、迁址的客户，要检查其新地址是否符合安装计量装置的要求，并对计量装置的安全运行进行检查。

（4）销户业务中，负责对客户《供用电合同》的终止工作，并最终确认停止供电，拆除计量装置。

（5）对改压客户，负责改压后客户相关电气设备的绝缘等级进行把关，相应电气设备型号选择及继电保护的改动，以及停电改造工作、竣工验收和送电工作。

【任务总结】

本项目重点学习新装、增容、变更用电类业务内容和处理，主要内容包括业扩报装受理、供电方案制定、图纸审查、中间检查、竣工验收、装表接电、供用电合同管理、变更用电处理等。通过业务规范学习，掌握业务扩充的工作要求和熟知业务扩充的基本工作流程；熟知制定供电方案的原则和内容，根据客户资料和电网条件制定供电方案，进行中间检查与竣工验收及装表接电；正确处理变更用电业务；掌握供用电合同的必备条款及合同的签订、变更和解除方法。

复 习 思 考

1-1　什么是业务扩充？业务扩充的任务是什么？

1-2　为什么必须进行业务扩充？业务扩充的方法是什么？

1-3　进行用电申请和登记时应注意哪些事项？

1-4　为什么要进行供电可靠性、必要性、合理性审查？如何进行审查？

1-5　业务扩充过程中对设计和施工有何规定？

1-6　业务扩充工作的内容有哪些？

1-7　制订供电方案应遵循哪些原则？

1-8　计量方式有哪些类型？怎样确定计量方式？

1-9　什么是供用电合同？为什么要签订供用电合同？

1-10　供用电合同签订后，如一方发生违约，应如何处理？

1-11　如何变更和解除供用电合同？

1-12　如何验收高压供电的业务扩充工程？

1-13　什么叫中间检查？中间检查的内容有哪些？

1-14　变更用电的工作内容是什么？

1-15　如何正确填写变更用电申请表？

1-16　什么是"减容"，在办理减容手续时有哪些应该注意的事项？

1-17　何谓"暂换"？在办理暂换业务手续时应按什么规定办理？

1-18　更名和过户有什么区别？

1-19　暂停用电是指什么？供电企业应按哪些规定办理？

1-20　"供电点"是指什么？

1-21　受理居民用电客户的过户申请时，应注意哪些问题？

1-22　移表是指什么？供电企业应按哪些规定办理？

1-23　销户和强制销户有什么区别？

1-24　变更用电业务的检查工作有哪些？

1-25　改类是指什么？供电企业应按哪些规定办理？

1-26　什么是改压？有哪些应该注意的事项？

1-27　迁址后的新址在原供电点供电的，供电企业应按哪些规定办理？

1-28　客户受电点内难以按电价类别分别装设用电计量装置时，如何对客户计量计价？

1-29　对客户功率因数考核标准是怎样规定的？对达不到标准的客户如何处理？

1-30　供用电合同应具备哪些条款？

1-31　什么是临时用电？办理临时用电应注意哪些事项？

1-32　委托转供电应遵守哪些规定？

学习情境二

抄　　表

【项目描述】

本项目重点学习抄表管理、抄表和抄表质量管理，主要内容包括抄表段管理，抄表机管理、抄表计划管理、抄表数据准备、抄表异常处理、远程抄表和信息采集、抄表工作质量管理等。通过抄表学习，掌握抄表的工作要求和程序，完成抄表工作基本能力的训练；了解电力客户信息采集系统与营销业务应用系统的关系及系统的基本功能。

【教学目标】

知识目标：

1. 熟悉抄表工作的主要内容；

2. 掌握抄表工作的要求和作业规范；

3. 掌握抄表数据准备工作及抄表异常处理；

4. 掌握抄表工作质量要求。

能力目标：

1. 具备抄表工作基本能力；

2. 具备抄表方案制定能力；

3. 具备抄表异常处理能力；

4. 具备现场抄表作业能力；

5. 具备对抄表装置的运行检查能力。

【教学环境】

教材、黑板、多媒体教学设备、相关资料。

任务一　抄　表　管　理

【教学目标】

知识目标：

掌握抄表管理的基本知识和抄表工作的重要性；熟知抄表段划分、调整，抄表机管理及抄表计划的制定。

能力目标：

具备抄表工作基本能力及具备抄表方案制定的能力。

【任务描述】

明确抄表工作的重要性，掌握抄表管理的基本知识。综合考虑客户类型、抄表周期、抄表例日、抄表方式，划分和调整抄表段，对抄表机的领取、发放、返修、返还、报废申请工作进行管理，制定和调整抄表计划。

【任务准备】

1. 抄表工作有何重要性？
2. 如何对抄表段进行管理？
3. 抄表管理包括哪些内容？
4. 如何制定抄表计划？

【任务实施】

了解抄核收工作的工序，确定抄表工作的重要性。按照供电企业抄表工作的相关规定，综合考虑客户类型、抄表周期、抄表例日、抄表方式，划分和调整抄表段；根据抄表段的抄表例日、周期及抄表人员等信息，制定抄表计划并进行调整。

【相关知识】

一、抄表管理基本知识

抄表工作是电费抄核收工作各环节的第一道工序，对协调和配合电费管理十分重要。抄表就是抄表员对所有计费电能表利用各种抄表方式定期进行电量的抄录。抄表工作是抄核收工作中的基础工序，抄录的电量不仅是供电企业按时将电费回收并及时上缴的依据，也是考核供电企业经济指标（如线损率、供电成本）、各行业用电量统计分析，以及计算客户的单位产品电耗和市场分析预测的依据。抄表质量的好坏，直接关系到供电企业能否准确、及时地核算与回收上缴电费，关系到供电企业的经济效益和社会效益。

抄表管理包括抄表段管理、抄表机管理、抄表计划管理、抄表数据准备、抄表机抄表、自动化抄表、手工抄表、抄表数据复核、抄表异常处理、抄表工作量管理、抄表质量管理等内容。

二、抄表段管理

抄表段管理是对用电客户和考核计量点进行抄表的一个管理单元，也称抄表区、抄表册、抄表本。抄表段管理主要业务有：建立抄表段，将客户按抄表段进行分组，确定抄表段抄表例日、抄表方式等抄表段属性；对空抄表段进行注销等管理。根据均衡工作量、抄表路径合理、分变分线、方便线损考核的原则确定和调整抄表段。编排与实际抄表路线一致的抄表顺序，并及时根据抄表执行的反馈情况调整抄表例日、抄表周期、所属抄表段。

三、抄表周期和抄表日期

抄表周期一般为每月一次，抄表日期在月度中均衡安排。

1. 编排抄表例日方案

抄表应有计划按日期有顺序地进行。抄表日期应在月度中均衡安排，做到基本不变，形成固定的抄表例日方案。编排抄表例日方案主要依据以下几方面：

（1）根据所在单位各类用电户数、销售电量和收入等决定工作量的大小；

（2）根据抄表方式、收费方式的不同，结合人员定编、工作定额制定例日工作方案；

例日方案的编排有两种：一种是按星期编排，每月抄表时间上下略有变动，当月抄表时通知下月抄表时间，以便客户配合；另一种是按月度、日期固定时间上门抄表，星期天正常上班。通常采用后一种编排方式。

2. 抄表日期的一般规定

（1）照明、非工业、普通工业、商业、服务业、农业等小电力客户，于每月25日前抄表。若有特殊原因需要变动抄表日期，最多提前或推迟一天。

（2）大工业客户及用电量较多的其他客户，于月末最后一周或月末前二三日内抄表。一般要求抄表日期不变。

（3）特大电力客户，均安排在月末24h抄表。要求准点抄录不得变更。

（4）对同一台区的客户、同一供电线路的专用变压器客户、同一户号有多个计量点的客户、存在转供关系的客户，每一类客户抄表例日应安排在同一天。

（5）经批准确定的抄表例日不得随意变更。确需变更的，需报经电费管理中心办理审批手续。抄表例日变更时，应事前告知相关客户。

3. 抄表周期的变化趋势

抄表周期对一般客户通常为一个月，但考虑不同客户的具体情况（用电量大小、资信程度等）和各供电企业的抄表能力，对某些类别的客户的抄表周期可进行适当调整。由于供电企业对居民客户推行"一户一表"后，居民客户数量的迅速增加，抄表人员的工作量也随之迅速增加。为了减轻抄表人员的工作压力，供电企业可以通过延长居民客户的抄表周期来实现，也可通过抄表工作社会化，即成立专业的抄表公司完成抄表工作。为了加强对大客户用电情况的动态跟踪和分析及保证电费的及时回收，对这类客户可根据具体情况适当缩短抄表周期，也可利用现代抄表方式实现电量实时抄录。

四、抄表机管理

抄表机管理包括对抄表机领取、发放、返修、返还、报废申请工作进行管理。

五、抄表计划管理

1. 抄表计划管理的内容

根据抄表段的抄表例日、抄表周期及抄表人员等信息，以抄表段为单位产生抄表计划，经过审批调整抄表计划。

2. 抄表计划的制定

制定抄表计划应综合考虑抄表段的抄表周期、抄表例日、抄表人员、抄表工作量及抄表区域的计划停电等情况。不得擅自变更抄表计划。因特殊情况不能按抄表例日对高压客户抄表的，应事先告知客户。高压客户的抄表例日变更与客户协商后办理审批手续。抄表员应定期轮换抄表区域，同一抄表员对同一抄表段的抄表时间最长不得超过两年。

任务二　抄　　表

【教学目标】

知识目标：掌握现场抄表的工作流程；熟知抄表前的数据准备；熟悉抄表机抄表、自动化抄表、手工抄表、抄表数据复核等工作内容；掌握抄表异常的处理方法；了解自动化抄表系统。

能力目标：具备抄表工作基本技能。

【任务描述】

根据现场抄表工作的具体要求掌握抄表工作的基本流程，进行抄表前的数据准备，运用各种抄表方式完成抄表，进行抄表异常的判断、分析及处理。

【任务准备】

1. 抄表工作前的数据准备有哪些？
2. 对现场抄表的抄表员有哪些要求？
3. 抄表方式有哪些？
4. 现场抄表时的检查内容有哪些？
5. 什么是自动化抄表？

【任务实施】

做好抄表前的数据准备，抄表时认真进行信息核对，按照现场抄表的工作要求，完成抄表工作流程；对计量装置故障现象的检查，进行抄表异常的处理。

【相关知识】

一、抄表工作流程

抄表工作业务流程如图 2-1 所示。

二、现场抄表

1. 现场抄表作业规范

（1）出发前的工作内容。出发前，认真检查抄表工作包内必备的抄表工器具是否完好、齐全。抄表数据（包括抄表客户信息、变更信息、新装客户档案信息等）准备工作应在抄表前一个工作日或出发前完成，并确保数据完整正确。

（2）抄表时的工作内容。抄表时，认真核对客户电能表箱位、表位、表号、倍率等信息，检查电能计量装置运行是否正常，封印是否完好。对新装及用电变更客户，应核对并确认用电容量、最大需量、电能表参数、互感器参数等信息，做好核对记录。

（3）发现异常的处理。发现客户电量异常、违约用电、窃电嫌疑、表计故障、有信息（卡）无表、有表无信息（卡）等异常情况，做好现场记录，提出异常报告并及时报职责部门处理。

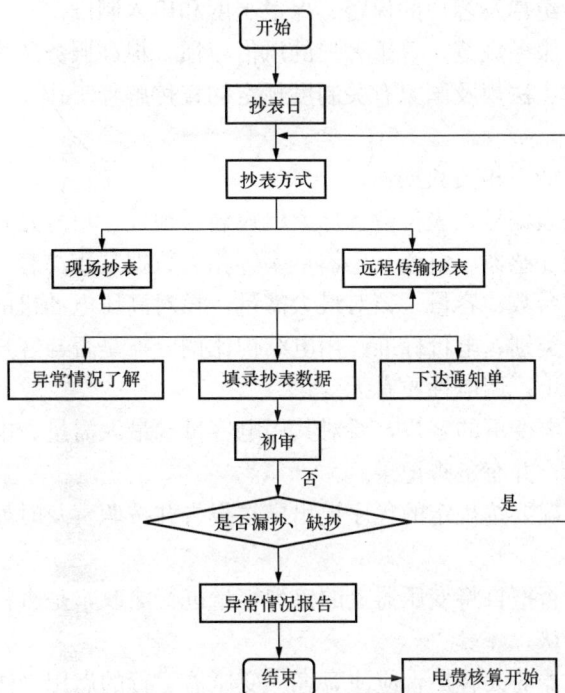

图 2-1 抄表工作业务流程

（4）未如期抄表的处理。因特殊情况不能按抄表例日对高压客户抄表的，应事先告知客户。高压客户的抄表例日变更应与客户协商后办理审批手续。因客户原因未能如期抄表时，应通知客户待期补抄并按合同约定或有关规定计收电费。

（5）抄表后的工作内容。抄表后应当日完成抄表数据的上传。因特殊情况当日不能完成抄表数据上传的，须经电费管理中心批准并于次日完成。抄表数据上传时，应确保该抄表段所有客户的抄表工作已完成。

2. 现场抄表的具体要求

（1）抄表工作人员应严格遵守国家法律法规和供电企业的规章制度，切实履行岗位工作职责；同时注意营销环境和客户用电情况的变化，不断正确地调整自己的工作方法。

（2）抄表人员应统一着装，佩戴工作牌，做到态度和蔼、言行得体，树立供电企业工作人员的良好形象。

（3）抄表员应掌握抄表机的正确使用方法，了解个人抄表例日、工作量及地区收费例日与抄表例日的关系。

（4）抄表前应做好准备工作，备齐必要的抄表工具和用品，如完好的抄表机或抄表清单、抄表通知单、催费通知单等。

（5）抄表必须按例日实抄，不得估抄、漏抄。确因特殊情况不能按期抄表的，应按抄表制度的规定采取补抄措施。

（6）遵守供电企业的安全工作规程，熟悉供电企业各项反习惯性违章操作的规定，登高抄表作业落实好相关的安全措施。对高压客户现场抄表，进入现场应分清电压等级，保证足够的安全距离。

（7）严格遵守财经纪律及客户的保密、保卫制度和出入制度。

（8）严格遵守供电服务规范，尊重客户的风俗习惯，提高服务质量。

（9）做好电力法律、法规及国家有关制度规定的宣传解释工作。

3. 抄表信息核对

抄表时要认真核对如下相关数据：

（1）核对现场电能表编号、表位数、厂家、户名、地址、户号是否与客户档案一致。

（2）核对现场电压互感器、电流互感器倍率等相关数据是否与客户档案一致。

（3）核对变压器的台数、容量，核对最大需量，核对高压电动机的台数、容量。

（4）核对现场用电类别、电价标准、用电结构比例分摊是否与客户档案相符，有无高电价用电接在低电价线路上，用电性质有无变化。

（5）对新装或有用电变更的客户，要对其用电容量、最大需量、电能表参数、互感器参数等进行认真核对确认，并有备查记录。

抄表时发现异常情况要按规定的程序提出异常报告并按职责及时处理。

4. 抄表注意事项

（1）应注意客户是否擅自将变压器上的铭牌容量进行涂改，是否将变压器上的铭牌去掉或铭牌字迹不清无法辨认。

（2）对有多台变压器的大客户，应注意客户变压器运行的启用（停运）情况，与实际结算电费的容量是否相符。

（3）对有多路电源供电或有备用电源的客户，不论是否启用，每月都应按时抄表，以免遗漏。同时应注意客户有无私自启用冷备用电源的情况。

三、抄表前数据准备

为保证现场抄表工作的顺利进行，确保整个电费抄、核、收流程的正常运转，在抄表前，在供电企业内部需提前完成的一些前期的数据准备工作。抄表前数据准备的主要工作内容有：

（1）抄表员了解自己所辖抄表区域的客户情况，特别是新装户或发生变更业务的客户，认真核对有无工作传票未归档的客户，及时掌握最新的客户基础档案信息和变更信息。

（2）抄表员要核对客户的抄表册号、抄表顺序、管理单位、抄表例日、客户编号、用电地址及其他涉及的抄表信息等，并严格按规定的抄表例日到位抄表。

（3）抄表员应备齐所有抄表工具及用品，如抄表机、抄表卡（单）、表箱钥匙、有关通知单、手电筒等，并检查抄表机是否完好，机内电池电量是否充足，检查下装数据是否完整、正确。

四、抄表方式

抄表方式是指用于客户电量统计的电能表信息的采集方式。随着抄表技术的不断发展，抄表方式也在不断改进，目前主要有以下几种：

1. 传统人工手抄表方式

它是指抄表人员赴客户到客户装表处将电能表显示的数据抄写记录在抄表卡上。

2. 利用抄表微机抄表方式

抄表微机（抄表器）是一种专门用来抄录电能表示数的微型计算机数据录入终端。它由抄表人员随身携带到每户将电能表示数抄录下来，并输入与此相关的信息；抄录工作结束后通过数据通信接口把抄录的数据及相关信息传送到计算机，然后通过计算程序计算出客户各种电量、电费。使用抄表微机不仅可以取代原有的抄表卡，使抄表速度、准确程度都有较大程度的提高，还可以节省原来人工数据整理的工作程序，消除了抄录数据输入的瓶颈问题和抄录数据录入出错的可能性，从而使电费管理的效率大大提高。抄表微机根据数据采集录入的方式可分为手工键入式抄表微机、远红外线式抄表微机两大类。

3. 远程自动抄表方式

抄表人员在远离客户表计的办公地点处采集电能表数据，电能表与远处抄表人员办公地点之间的通信，可以采用电缆、光纤、电话、无线电、手机或电力线路载波等手段实现。除了采用专门的远程抄表系统实现远方抄表外，还可利用负荷控制系统实现远方抄表。远程抄表方式是一种先进的抄表方式，抄表准确、及时，是电力系统数据采集自动化的发展方向。边远山区电力客户抄表，可采用 GSM-SMS 远程无线抄表终端实现远方抄表。该系统通过GSM 的短信息服务功能，实现主站和客户电能表终端间无线抄表电量数据的交换并提供数据接口。它的抄表范围与 GSM 通信网覆盖范围一致，通过利用网络资源降低了该系统的建设和运行维护费用，且终端性能稳定可靠、实用性强，大大提高了工效，降低了生产成本。

除此以外，为解决收费难的问题，设计开发了预付费电能表，体现了"先购电、后用电"的管理模式。预付费电能表有投币式、磁卡式、电钥匙式和 IC 卡式几种，目前预付费电能表的开发大多转向 IC 卡式。使用预付费电能表是不需要抄表的，但影响对客户电量和线损指标的统计分析。为保证统计分析的准确性，还应定期去抄表，核对电能表指示数。

五、抄表异常

（一）抄表时发现异常的处理方法

抄表时发现异常情况要按规定的程序及时提出异常报告，填写工作单并按职责及时分类启动处理流程，转相关部门按规定的职责处理。例如，抄表员发现表计故障，应填写事故换表申请单，启动换表流程。

1. 客户用电性质、用电结构、受电容量等发生变化的处理

如发现客户用电性质、用电结构、受电容量等发生变化时及时传递业务工作单，启动相关流程进行处理，并通知客户办理有关手续。

2. 发现电量异常时的处理

（1）发现客户用电量或最大需量出现突增突减（如 30% 以上）时，应核对抄录示数、倍率是否正确，对电量进行复算，并检查计量装置是否发生故障，防止因错抄而错计电量和最大需量。

（2）发现无功表不正常时，应了解客户电容器的投入和切除情况。

（3）现场抄表时，对用电量为零的客户，应查明原因。

（4）对用电量较小的专用变压器客户和连续 6 个月电量为零的客户，应查明原因，发现异常应填写工作单报告给相关部门。

3. 抄表过程中发现窃电时的处理

现场抄表，发现窃电现象时，抄表员应在抄表机中键入异常代码做好记录，不得自行处理，应不惊动客户并保护现场，可以先用手机现场拍照固定证据，及时与企业用电检查人员或班组联系，等企业有关人员到达现场取证后，方可离开。

4. 抄表过程中发现客户违约用电时的处理

现场抄表，发现封印脱落、表位移动、高价低接、用电性质变化等违约用电现象时，应在抄表微机中键入异常代码，抄表员现场不得自行处理，并不惊动客户，应及时与用电检查人员联系或填写违约用电工作单交相关班组或人员处理。

5. 抄表时发现计量装置故障时的处理

抄表员在抄表时发现计量装置故障后，首先在现场分析了解，设法取得故障发生的时间和原因，如客户的值班记录、客户上次抄表后至今的生产情况、客户有无私自增容的情况。其次，将计量装置故障情况及相关数据记录下来，如电能表当时的示数、负荷情况、客户生产班次及休息情况等，及时传递业务工作单，启动相关流程进行处理。

对于能确认表计故障（如停走、过载烧坏）的一般居民客户，本月抄见电量按各公司规定处理（如根据上月用电量或前3个月平均电量与客户协议电量等），并启动相关流程进行处理。

采用自动化抄表方式抄表发现数据异常时，应安排抄表员到现场核对数据。若确定采集数据不正确，则通知相关装置维护部门查找原因并做出相应处理。

6. 抄表时发现表号不符或电能表遗失时的处理

现场抄表，发现表号不符或有表无档案时（如黑户、漏编、错编抄表区段的移表客户、新装客户），应核对是否为供电公司的电能表，如果客户私自换表，应立即通知公司派员到现场进行处理；如果是供电公司的电能表，应在抄表微机中键入异常代码，录入电能表的示数，并做好表号等记录，填写工作传票，交相关班组处理。

现场抄表，发现失表时，应在抄表微机中键入异常代码，录入上一个抄表周期的电量，并做好相应的记录，填写工作单，交相关班组处理。

抄表员在抄表现场发现抄表机内无抄表信息但实际在装的电能表（黑户）时，应在机外记录在装电能表的编号、户号及电能表内记录的各项数据，汇报主管领导进行处理。

对抄表信息不一致的情况均要记录异常情况报告有关部门。防止发生档案建错、漏建档案及丢户、丢量的发生。

7. 抄表时发现客户移表时的处理

抄表时发现客户表计（即电能表）移位后，先向客户查询是否办理有关手续，并做好记录。抄表员回公司后，应核对客户移表有关手续。如是私自移表，应填写工作传票，启动相关流程进行处理。

8. 抄表时发现其他情况时的处理

（1）现场发现客户有影响抄表工作行为时的处理。现场发现客户有堆放物品、占用表位、阻塞抄表路径等影响正常抄表工作的行为，应立即向客户指出，并要求其立即进行整改，恢复原样。如客户拒不整改，应及时向公司反映，由公司派专人进行处理。

（2）抄表时如果客户怀疑表不准时的处理。抄表时如客户怀疑表不准，应耐心解答客户提出的问题，请客户申请验表。

（二）抄表异常的判断与电量计算

1. 电量异常处理

（1）由于计费计量的互感器、电能表的误差及其连接线电压降超出允许范围或其他非人为原因致使计量记录不准时，供电企业应按下列规定退补相应电量的电费：

1）互感器或电能表误差超出允许范围时，以"0"误差为基准，按验证后的误差值退补电量。退补时间从上次校验或换装后投入之日起至误差更正之日止的 1/2 时间计算。

2）连接线的电压降超出允许范围时，以允许电压降为基准，按验证后实际值与允许值之差补收电量。补收时间从连接线投入或负荷增加之日起至电压降更正之日止。

3）其他非人为原因致使计量记录不准时，以客户正常月份的用电量为基准，退补电量，退补时间按抄表记录确定。

退补期间，客户先按抄见电量如期交纳电费，误差确定后，再行退补。

电能表超差时，可按下列公式计算应退（补）电量

$$退（补）电量 = \frac{抄见电量 \times (\pm 实际误差率 \%)}{1 + (\pm 实际误差率 \%)} \qquad (2-1)$$

式中：实际误差率是正数时，为应退电量，实际误差率是负数时，为应补电量。

电能表潜动时，可按下列公式计算应退（补）电量

$$退（补）电量 = \frac{自转天数 \times 每日停用时间 \times 3600 \times 倍率}{表自转一周的时间(s) \times 电能表常数} \qquad (2-2)$$

每日停用时间：照明用电按 16h，动力用电按实用小时。

（2）用电计量装置接线错误、熔断器熔断、倍率不符等原因，使电能计量或计算出现差错时，供电企业应按下列规定退补相应电量的电费：

1）计费计量装置接线错误的，以其实际记录的电量为基数，按正确与错误接线的差额率退补电量，退补时间从上次校验或换装投入之日起至接线错误更正之日止。

2）电压互感器熔断器熔断的，按规定计算方法计算值补收相应电量的电费；无法计算的，以客户正常月份用电量为基准，按正常月与故障月的差额补收相应电量的电费，补收时间按抄表记录或按失压自动记录仪记录确定。

3）计算电量的倍率或铭牌倍率与实际不符的，以实际倍率为基准，按正确与错误倍率的差值退补电量，退补时间以抄表记录为准确定。

退补电量未正式确定前，客户应先按正常月用电量交付电费。

单相或三相电能表卡字、卡盘、电压线圈不通和熔断器熔断等情况时，应补电量按下列公式计算

$$应补电量 = \frac{\left(\dfrac{原表正常时月用电量}{用电天数} + \dfrac{换表到抄表日的用电量}{用电天数}\right) \times 故障天数}{2} \qquad (2-3)$$

电能表跳字，应补电量按下列公式计算

$$应补电量 = 已收电量 - \frac{\dfrac{原表正常月时电量 + 换表到抄表日的用电量}{用电天数} \times 30}{2} \qquad (2-4)$$

在现场抄表时，如遇到客户反映对电能计量装置的准确性怀疑，应告知客户有权向供电企业提出校验申请，在客户交付验表费后，供电企业应在 7 天内校验，并将检验结果通知客户。如计量电能表的误差在允许范围内，验表费不退；如计费电能表的误差超出允许范围，除退还验表费外，并按《供电营业规则》规定退补电费。客户对检验结果有异议时，可向供电企业上级检定机构申请检定。在客户申请验表期间，其电费仍应按期缴纳，验表结果确认后，再行退补电费。

2. 电能表异常处理

抄表人员发现电能表的异常情况后，要保护现场，及时通知计量部门和客户到达现场予以确认，填写工作单，在工作单中要填写电能表异常原因，以及计算电量退补的详细过程，经客户现场确认并双方签字认可。电量退补完结后，存在故障的电能表按计量装置管理规定更换。

六、远程抄表和信息采集

1. 远程自动抄表技术

远程自动抄表技术就是利用特定的通信手段和远程通信介质将抄表数据内容实时传送至远端的电力营销计算机网络系统或其他需要抄表数据的系统，也称集中抄表系统。抄表时，操作人员可以直接选择抄表段抄表即可以完成自动抄表，并可以采用无人干预方式自动抄表。

（1）远程自动抄表系统的构成。远程自动抄表系统种类很多，基本上由电能表、采集器、信道、集中器、主站组成。

电能表为具有脉冲输出或 RS485 总线通信接口的表计，如脉冲电能表、电子式电能表、分时电能表、多功能电能表。

集中器主要完成与采集器的数据通信工作，向采集器下达电量数据冻结命令，定时循环接收采集器的电量数据，或根据系统要求接收某个电能表或某组电能表数据。同时根据系统要求完成与主站的通信，将客户用电数据等主站需要的信息传送到数据库中。

信道即数据传输的通道。远程自动抄表系统中涉及的各段信道可以相同，也可以完全不一样，因此可以组合出各种不同的远程自动抄表系统。其中，集中器与主站之间的通信线路称为上行信道，可以采用电话线、无线（GPRS/CDMA/GSM）、专线等通信介质；集中器与采集器或电子式电能表之间的通信线路称为下行信道，主要有 RS485 总线、电力线载波两种通信方式。

主站即主站管理系统，由抄表主机和数据服务器等设备组成的局域网组成。其中抄表主机负责进行抄表工作，通过网络 TCP/IP 协议与现场集中器进行通信，进行远程集中抄表，存储到网络数据库，并可对抄表数据分析，检查数据有效性，以进行现场系统维护。

（2）载波式远程抄表。电力线载波是电力系统特有的通信方式，其特点是集中器与载波电能表之间的下行信道采用低压电力线载波通信。载波电能表是由电能表加载波模块组成。每个客户室内装设的载波电能表就近与交流电源线相连接，电能表发出的信号经交流电源线送出，设置在抄表中心站的主机则定时通过低压用电线路以载波通信方式收集各客户电能表测得的用电数据信息。上行信道一般采用公用电话网或无线网络。

（3）GPRS 无线远程抄表。GPRS 无线远程抄表是近年来发展较快的抄表通信方式，其特点是集中器与主站计算机之间的上行信道采用 GPRS 无线通信。集中器安装有 GPES 通信接口，抄表数据发送到中国移动的 GPRS 数据网络，通过 GPRS 数据网络将数据传送至供电公司的主站，实现抄表数据和主站需要的实时在线连接。

CDMA、GSM 与 GPRS 无线远程抄表原理相似。

（4）总线式远程抄表。总线式远程抄表在集中器与电能表之间的下行信道采用，目前主要采用 RS485 通信方式。总线式远程抄表是以一条串行总线连接各分散的采集器或电子式电能表，实行各节点的互联。集中器与主站之间的通信可选电话线、无线网、专线电缆等多种方式。

（5）其他远程抄表。抄表系统有很多种方式，随着通信技术的不断发展，无线蜂窝网、光纤以太网等远程通信方式也逐渐应用于电能表数据的远程抄读。

2. 远程抄表作业规范

（1）在采用远程抄表方式后的三个抄表周期内，应每月进行现场核对抄表。分析数据异常，立即报职责部门进行处理。

（2）正常运行后，至少每三个抄表周期与现场计费电能表记录数据进行一次现场核对。对连续两个抄表周期出现抄表数据为零电量的客户，应抽取不少于 20% 的客户进行现场核实。

（3）当抄表例日无法正确抄录数据时，应在抄表当日进行现场补抄，并立即报职责部门进行消缺处理。

3. 电能信息数据采集示例

集中抄表系统主要完成抄表数据的自动采集，同时能够利用自动化抄表系统的采集数据，对现场采集对象的运行状态进行监督管理。

例如，某供电公司采用低压电力线载波集抄系统自动抄表，抄表例日前分别遥抄多份数据以作备份，抄表例日当天再抄读例日数据，可以根据需要来设定自动抄表或人工集抄。

（1）进入集抄系统，选择台区，连接到该台区的集中器。

（2）进入到集中器，口令检测成功后，表示主站与集中器已连接上。

（3）选择远程抄读方式，如例日抄读，读取集中器数据并保存。

（4）对抄表失败的表计，再次进行抄表操作。

（5）打印再次抄表失败的客户清单和零电量客户清单（表号、地址等），通知抄表员当日补抄，现场核实，查明故障原因。

（6）抄表完毕，退出。

（7）全部抄完后，进入集中抄表数据回读操作，从中间库中将集抄系统上传来的抄表数据回读到营销系统。

七、电力客户用电信息采集

采集系统是营销技术支持系统的重要组成部分，既可通过中间库、Webservice 方式为营销业务应用系统（以下简称营销系统）提供数据支撑，同时也可独立运行，完成采集点设置、数据采集管理、有序用电、预付费管理、档案管理、线损分析等功能。进行数据统一采集后，可以给营销管理、市场和需求侧管理、计量管理、客户服务、辅助决策等提供全面的数据支持。

1. 电力客户用电信息采集系统总体定位

采集系统从功能上完全覆盖营销系统中电能信息采集业务中所有相关功能，包括基本应用、高级应用、运行管理、统计查询、系统管理等，为营销系统中的其他业务提供用电信息数据源和用电控制手段。同时，还可以提供营销系统之外的综合应用分析功能，如配电业务管理、电量统计、决策分析、增值服务等功能，并为其他专业系统如生产管理系统、GIS 系统、配电自动化系统等提供基础数据。

采集系统总体定位如图 2-2 所示。

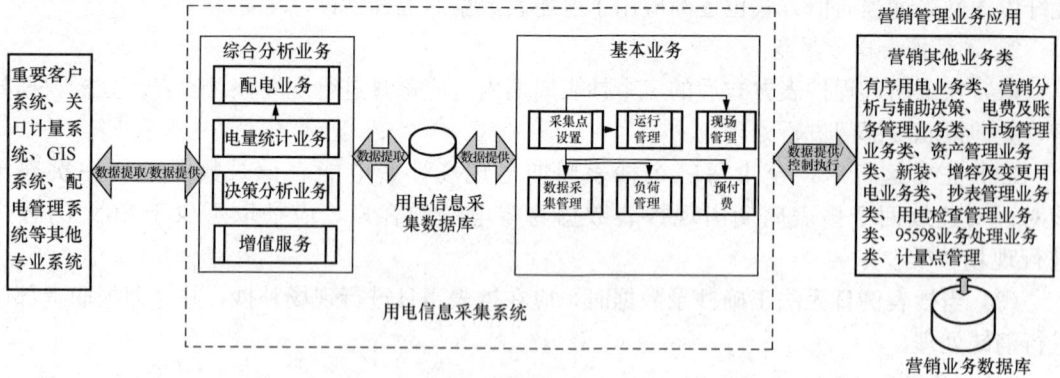

图 2-2　采集系统总体定位

2. 信息采集系统客户类型

根据用户用电容量和应用，信息采集系统划分为六种类型：

（1）大型专用变压器客户（A类）：用电容量在100kVA及以上的专用变压器客户。

（2）中小型专用变压器客户（B类）：用电容量在100kVA以下的专用变压器客户。

（3）三相一般工商业客户（C类）：包括低压商业、小动力、办公等用电性质的非居民三相客电。

（4）单相一般工商业客户（D类）：包括低压商业、小动力、办公等用电性质的非居民单相客电。

（5）居民客户（E类）：用电性质为居民的客户。

（6）公用配电变压器考核计量点（F类）：公用配电变压器上的用于内部考核的计量点。

3. 采集系统主要功能

（1）自动化抄表。营销业务应用系统的抄表管理通过接口从采集系统主站获取客户电能表示数，进行电费核算、发行。由电费中心制定抄表计划，根据抄表计划发送数据采集请求，采集数据核查返回营销业务应用系统。

通过采集系统主站提供抄表数据，简化营销系统整体业务流程，减少抄表员录入、上装等工作环节，提高工作效率。

（2）线路损耗分析。由营销部线路损耗专责参与线路损耗计算的电网档案维护，线路损耗专责在采集系统主站上进行线路损耗模型配置，线路损耗模型配置完成后结合采集数据可进行相关高低压线路损耗日常分析。采集系统可以根据配电网络的拓扑关系及管理单位，定义基础考核单元、组合考核单元、管理单位考核单元、分压线路损耗考核单元等线路损耗分析的考核单元，进行线路损耗分析，实现"四分"线路损耗的分析，同时为理论线路损耗的计算提供数据支持。

（3）预付费。主站系统在结合营销系统、短信应用平台基础上实现主站预付费管理功能。营销系统根据客户的缴费信息和定时采集的客户电能表数据，计算剩余电量，当剩余电量等于或低于报警门限值时，通过采集系统主站发催费告警通知，通知客户及时缴费。当剩余电量等于或低于跳闸门限值时，通过采集系统主站下发跳闸控制命令，切断供电。客户缴费成功后，通过主站发送允许合闸命令，人工合闸。

（4）负荷控制。根据有序用电措施管理或安全生产管理要求，通过远程技术手段对客户侧配电开关的控制操作，达到调整和限制负荷的目的，优化电力资源配置。营销部需求侧管理专责根据下发的有序用电指标，进行有序用电方案的编制，通过营销系统录入并由接口同步到采集系统。当用电高峰期需进行相关限电操作时，营销部下发命令由计量中心电能采集班进行有序用电任务执行、功率控制、电量定值控制等操作。

（5）采集管理。根据抄表管理、市场管理、用电检查管理、营销分析与辅助决策等业务对自动采集数据的要求，编制采集任务。检查采集任务的执行情况，分析采集数据，发现采集任务失败和采集数据异常，记录详细信息。统计数据采集成功率、采集数据完整率，系统自动对采集通信异常情况进行分析，列出异常报表，供值班人员进行分析、处理。

（6）负荷管理。实现按用电行业、供电单位、客户等条件进行负荷的监测及统计。按各种类型进行负荷监测及统计，指导用电客户报装、指导配网设备管理。

（7）催费控制管理。根据客户欠费情况填写客户欠费停（限）电通知单，并报电费电价管理审批。负荷控制采集运维班负责按照营销部负荷控制采集主管审核后的客户欠费停（限）电通知单内容要求，执行催费控制停（限）电操作。电费班负责检查催费控制停（限）电效果。

任务三 抄 表 质 量 管 理

【教学目标】

知识目标：掌握抄表质量管理的工作内容；熟知抄表日志的编制；熟悉抄表工作量统计；掌握抄表工作质量管理的工作内容；了解抄表稽查管理。

能力目标：具备抄表质量管理工作基本技能。

【任务描述】

根据抄表质量管理工作的具体要求掌握抄表质量管理的基本知识。进行抄表日志的编制，运用抄表工作量统计方式，进行抄表工作质量的判断及分析，为营销分析与辅助决策提供数据支持。

【任务准备】

1. 什么是抄表日志？
2. 对抄表工作量管理包括哪些内容？
3. 抄表工作量统计有哪些内容？
4. 抄表工作质量管理的内容有哪些？
5. 什么是抄表稽查管理？

【任务实施】

做好抄表日志的编制，认真进行抄表工作量统计，按照抄表工作质量管理的工作要求，进行抄表质量的监督、评比。

【相关知识】

一、抄表工作量管理

1. 抄表日志

抄表日志是抄表员每天抄表的原始记录，记录每天抄表户数、电量，同时记录实抄与未抄户数，以及其他有关事项，还兼做抄表整理人员每日审核个人抄表卡片之后，作总抄表日志使用。总抄表日志记录一个单位每天抄表的汇总数，既可以掌握总进度，又可以与过去同期比较，看户数增减与电量增减，还可以记录登记书的传递及处理情况。

抄表日志是营业工作上的"三大表"之一，除抄表员的抄表日志与抄表整理的每日汇总之外，还应有一个抄表月报，可反映一个单位每月每名抄表员完成工作的总情况，既有数量，又有质量内容，借此可以比较明显地看出个人任务的完成情况，为考核提供依据。

2. 抄表工作量统计

抄表工作量管理包括抄表系数定义和抄表工作量统计。

抄表系数是抄表工作难度的权重系数，应根据客户类型、客户区域、表类型、表位置、抄表方式等内容确定抄表系数定义标准，确定运行表抄表系数；抄表工作量统计主要包括抄表人员、抄表段、抄表班组、供电单位的抄表工作量的统计。

抄表工作量除了与抄表户数的多少有直接关系外，还与抄表的区域有关。如在市区和住宅小区，电能表多采用集中安装抄表员路程所花费的时间就少，抄表就相对快。而在某些偏远山区的几十户人家，抄表员抄表数虽少，但来回的路程上就要花二三个小时。另外，抄表工作量还与所抄电能表的类型有关，抄低压单相电能表时，只需抄一个有功读数即可。抄高压多功能电能表时，则需要抄峰、谷、平、无功、需量等多个数据，因此抄起来自然就比较慢。所以在核定抄表员每日抄表工作量时，既要考虑抄表的数量、表计所在的区域，还要考虑所抄电能表的类型等因素，通过综合测算，安排抄表工作。

二、抄表工作质量管理

1. 抄表工作质量管理

抄表工作质量管理就是监督抄表计划的执行，以系统分析和现场抽查等方式对抄表工作的质量进行监督，主要包括抄表稽查管理、零电量客户管理、抄表工作统计等内容。

2. 抄表工作质量管理的内容

按人员、管理单位统计抄表率、抄表正确率、差错率、抄表及时率、月末抄表电量比重、零点抄表电量比重，并可根据管理单位、抄表状态、抄表方式汇总得出应抄户数、实抄户数、未抄户数、估抄户数、超期户数、提前抄表户数，为营销分析与辅助决策提供数据支持。

$$抄表率＝实抄户数/应抄户数×100\%$$
$$差错率＝差错件数/实抄户数×100\%$$
$$抄表正确率＝（实抄户数－差错户数）/实抄户数×100\%$$

3. 抄表稽查管理

抄表稽查管理就是对已完成的抄表任务建立抄表稽查计划，重新抄表并与已完成的抄表数据比较，进行抄表质量评价及监督考核。

【项目总结】

本项目介绍了抄表的相关内容，通过三个任务，有重点地学习了抄表管理、抄表工作和抄表质量管理。通过要点归纳、列举公式、示例分析和规范流程介绍，掌握抄表工作的相关知识，明确抄表工作的重要性，进行抄表段划分、调整，抄表机管理及抄表计划的制定。根据现场抄表工作的具体要求掌握抄表工作的基本流程。进行抄表前的数据准备，运用各种抄表方式，进行抄表异常的判断、分析及处理。根据抄表质量管理工作的具体要求掌握抄表质量管理的基本知识，进行抄表日志的编制，运用抄表工作量统计方式，进行抄表工作质量的判断及分析为营销分析与辅助决策提供数据支持。通过学习，能掌握抄表要求，能制定抄表计划、实施电能表抄录、进行抄表工作统计分析、具备抄表异常分析与处理等技能。

复习思考

2-1 抄表工作有何重要性？

2-2 如何对抄表段进行管理？

2-3 抄表管理包括哪些内容？

2-4 如何制定抄表计划？

2-5 什么是抄表机管理？

2-6 抄表计划管理的主要内容有哪些？

2-7 如何编排抄表例日方案？

2-8 抄表工作前的数据准备有哪些？

2-9 对现场抄表的抄表员有哪些要求？

2-10 什么是自动化抄表？

2-11 抄表方式有哪些内容？

2-12 现场抄表时的检查内容有哪些？

2-13 电能表异常情况的分类有哪些？

2-14 远程自动抄表技术的构成有哪些部分？

2-15 绘制抄表工作业务流程。

2-16 现场抄表作业规范是怎样的？

2-17 电能表异常时如何处理？

2-18 抄表信息核对的主要内容有哪些？

2-19 在现场抄表时，如遇到客户反映对电能计量装置的准确性怀疑时，如何处理？

2-20 什么是抄表日志？

2-21 对抄表工作量管理包括哪些内容？

2-22 抄表工作量统计有哪些内容？

2-23 抄表工作质量管理的内容有哪些？

2-24 什么是抄表稽查管理？

学习情境三

电 费 核 算

【项目描述】

本项目重点学习电费核算的方法。内容包括电价管理、损耗电量计算、单一制电价电费计算、两部制电价电费计算及新装、增容、变更用电电费计算、电费复核等。

【教学目标】

知识目标：掌握电费构成，熟知电费计算相关规定。

能力目标：正确核算电量、电费、代征费用；会电费复核。

【教学环境】

教材、黑板、多媒体教学设备、计算器

任务一　电　价　管　理

【教学目标】

知识目标：

掌握现行销售电价的分类、电价制度划分及基本含义；代征费用项目和征收范围。

能力目标：

根据客户具体情况确定客户执行电价制度和电价类别，判定客户是否进行功率因数考核，确定功率因数考核标准。

【任务描述】

确定客户执行的电价制度、电价类别和电价标准、是否进行功率因数考核、功率因数考核标准、代征费用项目及标准。

【任务准备】

1. 面向客户的电价制度有哪些？电价制度主要适用范围是怎样规定的？
2. 现行销售电价分为哪几类？销售电价分类实施范围是怎样规定的？
3. 功率因数调整电费管理办法规定功率因数考核标准有哪几个？适用于哪些客户？
4. 国家规定的代征费用有哪几项？代征费用征收范围是怎样规定的？

5. 计算变压器损耗需要哪些参数？常用的损耗计算方法有哪些？

6. 《供电营业规则》对增容、减容、暂停时基本电费计算有何规定？

【任务实施】

在学习电价制度和电价分类的基础上，根据客户资料和现行电价标准（本地区销售电价表），确定客户执行的电价制度、电价类别和电价标准、是否进行功率因数考核、功率因数考核标准、代征费用项目及标准。

【相关知识】

核算管理是在规范电价标准、统一电费算法的基础上，通过电量电费计算、审核管理、异常管理及电费退补管理，全面确保电费计算结果的规范性、正确性、完整性。

电费计算参数管理是电费核算的基础，主要包括电价标准管理、功率因数标准管理、变损参数管理、代征费用管理。

一、电价管理

（一）电价制度

我国实行的电价制度主要有单一制电价、两部制电价、阶梯制电价、峰谷分时电价、季节性电价等。

1. 单一制电价

这种电价以客户安装的电能计量表指示出的实际千瓦时数为计费依据，把电力企业的固定费用、变动费用及对客户的服务费用均考虑在内。实行单一制电价的客户，每月应付的电费与设备容量、用电时间无关，仅以实际用电量计算电费。这种电价制度的优点是抄表收费比较简单，电费与客户实际用电量联系在一起，促使客户节约电能，但起不到引导客户合理使用电能的作用。目前除大工业用电客户外，其他客户一般执行单一制电价。

2. 两部制电价

两部制电价包括基本电价和电度电价，客户应付的电费是这两部分电费之和。两部制电价的结构完全符合电力工业的生产特点，当今世界各国普遍采用这种电价。在实行两部制电价的同时，一般都采用功率因数调整电费的办法。

基本电价：也称固定电价，它代表电力企业成本中的容量成本，即固定费用部分。在计算基本电费时，是以客户用电设备容量（kVA）或最大需量（kW）为单位，与客户每月实际用电量无关。

电量电价：代表电力企业成本中的电能成本，即变动费用部分，按电能表的实际计量值计费。

目前，我国对变压器容量在315kVA及以上的大工业用电执行两部制电价，其他用电均实行单一制电价。

两部制电价的优越性：

（1）发挥了价格的杠杆作用，促进客户合理使用用电设备，同时改善用电功率因数，提高设备利用率，压低最大负荷，减少了电费开支，使电网负荷率也相应提高，减少了无功负荷，降低线路损失，提高了电力系统的供电能力，使供用电双方从降低成本中都获得了一定的经济效益。

（2）使客户合理负担电力生产的固定成本费用。两部制电价中的基本电价是按客户的用电设备容量或最大需量来计算的。客户的设备利用率或负荷率越高，应付的电费就越少，其平均电价就越低；反之，电费就越多，均价也就越高。

3. 阶梯制电价

阶梯制电价是把客户每月使用的电量分成若干梯级，各级之间的电价不同。当客户月用电量达到某一级时，该客户本月的电费即按这一级的电价计算。

由于世界上各国电网的供电情况不同，因而出现了各种不同的梯级电价。

（1）分档（分级）递增电价。有的国家对一些中小型客户用电，特别是居民用电采用分档（分级）递增电价的办法，限制部分消费用电。例如，日本对 10A 及以上照明客户的电价实行三档递增电价制，即月用电 120kWh 以下的为第一档，121～200kWh 的为第二档，201kWh 以上的为第三档。第三档的电价比第一档的高 58.7%。又如，意大利对用电容量在 3kW 以内的居民也实行分四档递增电价制，四档电价比第一档高一倍。

（2）分档（分级）递减电价。此种电价目前采用得较广泛，它是将客户用电量分为几个档次，单价随着客户电量档次的升高，电度电价随之降低，即档次越高，单价越低。客户每月应付的电度电费为各个档次电费的总和。其目的是促进大客户生产的发展。

（3）区段制电价（两级制或多级制电价）。区段制电价与阶梯制相类似，它是把客户每月用电量划分为一系列区段，每个区段定一个电价，客户的全部电费应为客户在各区段中用电量与各区段的电价乘积之和。

居民阶梯制电价是指将现行单一形式的居民电价，改为按照客户消费的电量分段定价，用电价格随用电量增加呈阶梯状逐级递增的一种电价定价机制。阶梯制电价把客户每月（或每年）使用的电量分成若干档次，各档次之间的电价不同。客户的全部电费应为客户在各档中用电量与各档的电价乘积之和。

（1）居民阶梯制电价的电量分档和电价确定。

1）分档电量和电价。居民阶梯制电价将城乡居民每月用电量按照满足基本用电需求、正常合理用电需求和较高生活质量用电需求划分为三档，电价实行分档递增。其中：第一档电价原则上维持较低价格水平，一定时期内保稳定。第二档电价逐步调整到弥补电力企业正常合理成本并获得合理收益的水平。第三档电价在弥补电力企业正常合理成本和收益水平的基础上，再适当体现资源稀缺状况，补偿环境损害成本。最终电价控制在第二档电价的 1.5 倍左右。

2）起步阶段指导性方案阶梯电价政策以省（自治区、直辖市）为单位执行。各地第一档电量，原则上按照覆盖本区域内 80% 居民客户月均用电量确定，即保证客户均月用电量在该档电量范围内居民户数占居民总户数的比例达到 80%。起步阶段电价维持较低水平，3年之内保持基本稳定。同时，根据各地经济发展水平和承受能力，对城乡"低保户"和农村"五保户"家庭每户每月设置 10kWh 或 15kWh 免费用电基数。第二档电量，按照覆盖本区域内 95% 居民客户的月均用电量确定（即覆盖率在 80%～95% 之间的电量）；起步阶段电价提价标准每度电不低于 5 分钱。第三档电量，为超出第二档的电量；起步阶段电价提价标准每度电为 0.3 元左右。

3）各地阶梯制电价具体试点方案，由省（区、市）人民政府按照阶梯电价指导意见确定。相邻省份之间要做好衔接工作，同档电量偏高或偏低的地区应进行适当调整。

（2）实施范围。

1）居民阶梯制电价执行范围为省级电网供电区域内实行"一户一表"的城乡居民客户。其中，使用预付费电能表的居民客户，在实现远程自动抄表前，可按购电量以年为周期执行阶梯电价；其他"一户一表"居民客户，在实现远程自动抄表前，应按供电企业抄表周期执行阶梯制电价。供电企业抄表周期原则上不超过 2 个月。

2）对未实行"一户一表"的合表居民客户和执行居民电价的非居民客户（如学校等），暂不执行居民阶梯制电价。电价水平按居民电价平均提价水平调整。

对于居民用电季节性差异、家庭人口数量差异等问题，由各地根据当地实际情况，因地制宜地研究处理，见表 3-1。

表 3-1　　　　　　　　　　　　　部分省市阶梯电价方案　　　　　　　　　　　　kWh

地方	第一档	第二档	第三档
北京	每月 240	每月 240～400	每月 400 以上
上海	每年 3120	每年 3120～4800	每年 4800 以上
浙江	每年 2760	每年 2760～4800	每年 4800 以上
广东（夏季）	每月 260	每月 260～600	每月 600 以上
广东（非夏季）	每月 200	每月 200～400	每月 400 以上
江苏	每月 230	每月 230～400	每月 400 以上
江西	每月 150	每月 150～280	每月 280 以上

4. 峰谷分时电价

峰谷分时电价是指按照每天用电高峰与低谷的不同时间，制定不同的电价，用经济手段激励客户削峰填谷，缓解高峰用电紧张局面，以提高电网效率和用电水平。如果客户大都在高峰用电时间用电，电力企业为保证电网安全稳定运行，就会被迫对客户拉闸限电，然而，由于低谷用电时间负荷明显减少，只能使部分发电机组停机。这不仅给工农业生产和人民生活造成很大影响，而且还造成机组启停频繁，成本加大，造成机组容量的闲置和浪费。

实施分时电价是为了鼓励电力客户在低谷时段多用电，在高峰时段少用电，主动参与移峰填谷，提高电力资源利用效率。实施峰谷分时电价后，用电企业减少电网高峰负荷时段用电量，增加低谷时段用电量，从而降低了用电成本，减少了电费支出。客户主动移峰填谷，有利于降低电网负荷峰谷差，保障电网的安全稳定运行，发电厂可以降低调峰成本费用，减少装机容量，减少或延缓电力投资，这样就实现了"多赢"。企业可以通过合理安排设备检修时间、错开上下班时间、调整生产工序、采用蓄能技术和设备等，调整用电负荷，优化用电方式，少用高价高峰电，多用廉价低谷电，降低用电成本，减少电费支出。

5. 季节性电价

季节性电价随着季节不同有较大差异，可促使耗电量大的客户在电力系统负荷出现低谷的季节或丰水季节大量使用电力，在高峰季节则停止生产或限制部分生产。因此，季节性电价对缓和电力企业高峰季节供应紧张，提高年负荷率起明显作用。特别是以水电为主的供电地区，既可以充分利用水利资源，又能减轻季节电力供需紧张的矛盾。

（二）销售电价分类

我国销售电价基础分类按用电类别分为居民生活用电电价、非居民照明用电电价、商业用电电价、普通工业用电电价、非工业用电电价、大工业用电电价、农业生产用电电价、趸售电价八大类。在此基础上经过历年变革，销售电价进行了简化，将非居民照明、非普工业、商业用电进行了合并，统称为工商业及其他用电。

1. 居民生活用电

（1）城乡居民住宅用电。是指城乡居民家庭住宅，以及机关、部队、学校、企事业单位集体宿舍的生活用电。

（2）城乡居民住宅小区公用附属设施用电。是指城乡居民家庭住宅小区内的公共场所照明、电梯、电子防盗门、电子门铃、消防、绿地、门卫、车库等非经营性用电。

（3）学校教学和学生生活用电。是指学校的教室、图书馆、实验室、体育用房、校系行政用房等教学设施，以及学生食堂、澡堂、宿舍等学生生活设施用电。

执行居民用电价格的学校，是指经国家有关部门批准，由政府及其有关部门、社会组织和公民个人举办的公办、民办学校，包括：①普通高等学校（包括大学、独立设置的学院和高等专科学校）；②普通高中、成人高中和中等职业学校（包括普通中专、成人中专、职业高中、技工学校）；③普通初中、职业初中、成人初中；④普通小学、成人小学；⑤幼儿园（托儿所）；⑥特殊教育学校（对残障儿童、少年实施义务教育的机构）。不含各类经营性培训机构，如驾校、烹饪、美容美发、语言、计算机培训等。

（4）社会福利场所生活用电。是指经县级及以上人民政府民政部门批准，由国家、社会组织和公民个人举办的，为老年人、残疾人、孤儿、弃婴提供养护、康复、托管等服务场所的生活用电。

（5）宗教场所生活用电：指经县级及以上人民政府宗教事务部门登记的寺院、宫观、清真寺、教堂等宗教活动场所常住人员和外来暂住人员的生活用电。

（6）城乡社区居民委员会服务设施用电：是指城乡居民社区居民委员会工作场所及非经营公益服务设施的用电。

2. 农业生产用电

（1）农业用电。是指各种农作物的种植活动用电。包括谷物、豆类、薯类、棉花、油料、糖料、麻类、烟草、蔬菜、食用菌、园艺作物、水果、坚果、含油果、饮料和香料作物、中药材及其他农作物种植用电。

（2）林木培育和种植用电。是指林木育种和育苗、造林和更新、森林经营和管护等活动用电。其中，森林经营和管护用电是指在林木生长的不同时期进行的促进林木生长发育的活动用电。

（3）畜牧业用电。是指为了获得各种畜禽产品而从事的动物饲养活动用电。不包括专门供体育活动和休闲等活动相关的禽畜饲养用电。

（4）渔业用电。是指在内陆水域对各种水生动物进行养殖、捕捞，以及在海水中对各种水生动植物进行养殖、捕捞活动用电。不包括专门供体育活动和休闲钓鱼等活动用电及水产品的加工用电。

（5）农业灌溉用电。指为农业生产服务的灌溉及排涝用电。

（6）农产品初加工用电。是指对各种农产品（包括天然橡胶、纺织纤维原料）进行脱水、凝固、去籽、净化、分类、晒干、剥皮、初烤、沤软或大批包装以提供初级市场的用电。

3. 工商业及其他用电

（1）工商业及其他用电。是指除居民生活及农业生产用电以外的用电。

（2）大工业用电。是指受电变压器（含不通过受电变压器的高压电动机）容量在315kVA及以上的下列用电：

1）以电为原动力，或以电冶炼、烘焙、熔焊、电解、电化、电热的工业生产用电；

2）铁路（包括地下铁路、城铁）、航运、电车及石油（天然气、热力）加压站生产用电；

3）自来水、工业实验、电子计算中心、垃圾处理、污水处理生产用电。

（3）中小化肥用电。是指年生产能力为30万t以下（不含30万t）的单系列合成氨、磷肥、钾肥、复合肥料生产企业中化肥生产用电。其中复合肥料是指含有氮磷钾两种以上（含两种）元素的矿物质，经过化学方法加工制成的肥料。

（4）农副食品加工业用电。是指直接以农、林、牧、渔产品为原料进行的谷物磨制、饲料加工、植物油和制糖加工、屠宰及肉类加工、水产品加工，以及蔬菜、水果、坚果等食品的加工用电。

4. 趸售电价

供电企业一般不采用趸售方式供电，以减少中间环节。特殊情况需开放趸售供电时，应由省级电网经营企业报国务院电力管理部门批准。趸购转售单位应服从电网的统一调度，按国家规定的电价向客户售电，不得再向乡、村层层趸售。电网经营企业与趸购转售电单位就趸购转售事宜签订供用电合同，明确双方的权利和义务。电力工业企业对趸售单位的电费计算一般均按同类别的电价给以20%～30%的优待，趸售单位对其营业区域内客户仍按国家规定的本地区的直供电价销售。趸售供电区的大型工矿企业或重要客户应作为电力部门的直供客户，直接装表供电，不实行趸售，并按直供客户执行相应类别的电价。

（三）电价标准管理

在营销信息系统中，根据现行销售电价分类和电压等级的电价标准、客户执行的电价标准及功率因数考核范围，确定各类客户不同供电电压等级的电度电价、容量电价或需量电价、是否进行功率因数计算。当电价调整时对电价及时进行维护。

二、变损参数管理

在营销信息系统中，用公式法或查表计算变压器损耗所需要的一些参数信息，需要在系统中进行"新增""删除""修改"维护。需要维护信息主要包括不同型号、不同容量的变压器的基本技术参数及有功空载损耗、无功空载损耗、有功负载损耗、无功负载损耗、K值、电量区间等。

三、功率因数标准管理

由于电力生产的特点，客户用电功率因数的高低，对发、供、用电设备的充分利用，节约电能和改善电压质量有着重要影响，为了提高客户的功率因数并保持均衡，以提高供用电双方和社会经济效益，所以对客户实行功率因数调整电费办法。

1. 功率因数的标准值及适用范围

（1）功率因数标准0.90，适用于160kVA以上的高压供电工业客户（包括社队工业用户），装有带负荷调整电压装置的高压供电电力客户和 3200kVA 及以上的高压供电电力排灌站；

（2）功率因数标准 0.85，适用于 100kVA（kW）及以上的其他工业客户（包括社队工业用户）、100kVA（kW）及以上的非工业客户和 100kVA（kW）及以上的电力排灌站；

（3）功率因数标准 0.80，适用于 100kVA（kW）及以上农业客户和趸售客户，但大工业用户未划由电业直接管理的趸售客户，功率因数标准应为 0.8。

2. 功率因数标准管理方法

按照"功率因数调整电费表"所规定的百分数计算增收或减收的调整电费。如客户的功率因数在"功率因数调整电费表"所列两数之间，则以四舍五入计算。根据考核标准、考核月加权实际功率因数，确定调整系数。功率因数调整电费计算方法见电费核算相关内容。

四、代征费用标准管理

代征费用主要包括国家规定的农网还贷资金、国家重大水利建设基金、城市公用事业附加费、可再生能源附加、大型水库后期扶持基金、小型水库扶持基金等。各基金和附加费的具体类型和数额按照国家批准的征收标准及征收范围计算。

任务二　损耗电量计算

【教学目标】

知识目标：

掌握变压器损耗电量、线路损耗电量的计算方法；掌握变压器损耗电量、线路损耗电量的分摊或扣减方法。

能力目标：

根据变压器参数、线路参数和抄表数据计算变压器损耗电量和线路损耗电量；根据表间关系计算损耗电量的分摊或扣减。

【任务描述】

计算变压器损耗、线路损耗。

【任务准备】

1. 变压器的有功损耗电量和无功损耗电量如何计算？
2. 线路损耗电量如何计算？
3. 哪些情况需要进行损耗分摊？损耗分摊的基本原则是什么？
4. 哪些情况需要进行扣减电量计算？扣减电量的顺序是怎样要求的？

【任务实施】

根据变压器参数、线路参数和抄表数据，选择损耗计算公式，计算变压器损耗电量和线路损耗电量；根据表间关系计算损耗电量的分摊或扣减。

【相关知识】

一、变压器损耗电量的计算

变压器损耗主要包括铜损、铁损两大部分。铜损是当电流通过线圈时在线圈内产生的损耗；铁损是在铁芯内的损耗，主要包括磁滞损耗和涡流损耗。

从电费计算角度分析，变压器损耗电量计算包括两个环节：一个是根据变压器损耗计算标准和变压器参数计算出变压器损耗电量；另一个是针对不同的情况，对变压器损耗电量进行分摊。

变压器的损耗电量分有功损耗与无功损耗电量。有功、无功损耗电量又可分为空载损耗和负载损耗电量。可通过理论计算获得。

变压器损耗按日计算，日用电不足 24h 的，按一天计算。

（1）查表法。查表法是根据变压器型号、容量、电压、有功用电量直接查表得到有功损耗和无功损耗电量值。

（2）协议值。协议值是与客户签订协议，确定有功损耗、无功损耗电量值。

（3）公式法。公式法是根据变压器的额定容量、型号得到变压器的有功空载损耗、有功负载损耗、空载电流百分比、阻抗电压百分比、有功损耗系数、无功 K 值，再根据公式计算得到变压器有功损耗和无功损耗电量值。

1）公式一

总有功损耗电量＝ 有功空载损耗×24×变压器运行天数＋修正系数 K 值×（有功抄见电量^2＋无功抄表电量^2）×有功负载损耗/（额定容量^2×24×变压器运行天数）

总无功损耗电量＝ 无功空载损耗×24×变压器运行天数＋修正系数 K 值×（有功抄见电量^2＋无功抄表电量^2）×无功负载损耗/（额定容量^2×24×变压器运行天数）

其中

无功空载损耗＝额定容量×空载电流百分比

无功负载损耗＝额定容量×阻抗电压百分比

修正系数 K 值，根据运行班制按下列规则确定：

一班制 200h，二班制 400h，三班制 600h，对应的修正系数 K 值分别为 3.6、1.8、1.2；

一班制 240h，二班制 480h，三班制 720h，对应的修正系数 K 值分别为 3、1.5、1。

2）公式二

总有功损耗电量＝有功空载损耗功率×24×变压器运行天数＋有功电量×有功损耗系数

总无功损耗电量＝无功空载损耗功率×24×变压器运行天数＋有功电量×有功损耗系数×无功 K 值

其中有功损耗系数、无功 K 值由网省公司自行确定。

二、变压器损耗电量的分摊

变压器损耗电量可以按有功损耗电量和无功损耗电量分别执行分摊，但定量的电量通常不参与损耗分摊。

（1）被转供户要求分摊变压器损耗时，若与被转供户有协议，则按协议值进行计算和分摊；若没有协议，则按被转供户的抄见电量进行计算和分摊，分摊给被转供户的损耗不参与转供户的电费结算，只参与被转供户的电费结算。

（2）一级主表分摊。变压器下若存在多个一级高供低计的主表，变压器损耗电量按每个表计的抄表电量比例分摊，即

$$主表 i \, 损耗 = \frac{主表 i \, 抄见电量}{\sum\limits_{i=1}^{n}（主表 i \, 抄见电量）} \times 总损耗 \qquad (3-1)$$

$$主表 n \, 损耗 = 总损耗 - \sum\limits_{i=1}^{n-1}（主表 i \, 损耗） \qquad (3-2)$$

其中，i 代表各个主表。

（3）主分表分摊。若一级主表下存在分表，则当前分表的损耗电量按其抄表电量和主表抄见电量比分摊，即

$$分表损耗 \, i = \frac{分表 i \, 抄见电量}{主表抄见电量} \times 主表总损耗 \qquad (3-3)$$

$$主表包底损耗 = 主表总损耗 - \sum\limits_{i=1}^{n-1}（分表 i \, 损耗） \qquad (3-4)$$

其中，i 代表各个分表。

（4）复费率表的分摊。复费率表的变压器总有功损耗电量按各时段抄见电量比例进行分摊，变压器无功损耗电量无需分摊，即

$$各时段变压器有功损耗电量 \, i = 总有功损耗电量 \times 抄见电量比例 \, i$$

其中，i 代表各时段。

按抄见电量比例分摊的损耗电量之和与总有功损耗电量不等时，差异损耗放在平电量上。

（5）总电量为零时，按容量分摊。

三、线路损耗电量的计算

按产权划分的原则，线路属于客户的财产，并由客户维护管理的线路，若计量点在客户受电侧，应加计线路损耗电量。

（1）计算线路损耗，只计算有功损耗，无功损耗较少，一般忽略不计。线路有功损耗电量计算公式为

$$\Delta W_{\mathrm{L}} = 3I^2 rLt \times 10^{-3} \, (\mathrm{kWh}) \qquad (3-5)$$

利用抄见电量计算线路有功损耗电量为

$$\Delta W_{\mathrm{L}} = \frac{rL \times 10^{-3}}{U_{\mathrm{e}}^2 t}(A_P^2 + A_Q^2) \, (\mathrm{kWh}) \qquad (3-6)$$

式中　I——线路电流值，一般取平均电流或均方根电流值，A；

　　　r——单位长度线路电阻值，Ω/km；

　　　L——线路长度，km；

　　　t——用电时间，h；

　　　A_P——t 时段内有功电量；

　　　A_Q——t 时段内无功电量。

（2）采用与客户协定线路损耗电量来计算

总线路损耗电量＝协定值

（3）采用与客户协定线路损耗系数来计算

总有功线路损耗电量＝（总有功抄见电量＋总有功铜损电量＋总有功铁损电量）×有功线路损耗系数

总无功线路损耗电量＝（总无功抄见电量＋总无功铜损电量＋总无功铁损电量）×无功线路损耗系数

四、线路损耗电量分摊

线路损耗电量分摊方法与变压器损耗电量分摊方法相同。

其中一条专线下存在多个客户情况的线路损耗电量分摊方法：

（1）若与客户有协议则按照协议值来分摊线路损耗。

（2）若与客户没有协议，则按照各客户用电量与总用电量的比例分摊线路损耗。

（3）若与客户没有协议且客户总用电量为零时，则按客户容量比例分摊线路损耗。

任务三　电　费　计　算

【任务描述】

计算单一制、两部制客户电费；计算新装、增容、用电客户基本电费。

【任务准备】

1. 哪些客户执行单一制电价？计费电量如何计算？哪些客户执行两部制电价？
2. 执行两部制电价的客户电费由哪几部分组成？
3. 对哪些客户进行功率因数考核？怎样计算月加权平均功率因数？
4. 什么情况下需计算变压器损耗电量和线路损耗电量？
5. 怎样确定功率因数调整电费的调整比例？如何计算功率因数调整电费？
6. 基本电费有哪几种计费方式？备用变压器如何计费？
7. 新装、增容、变更用电客户基本电费如何计算？

【任务实施】

根据抄表信息和客户容量及用电性质，确定客户执行的电价制度和电价类别，根据目录电价确定电价标准和代征、附加费用标准；结合计量方式计算客户计费电量，进而计算电度电费；对两部制电价客户根据计费方式，计算基本电费；对执行功率因数电费的客户计算月加权平均功率因数和功率因数调整电费；计算附加和代征费用。

【相关知识】

一、单一制电价电费计算

1. 抄见电量的计算

抄见有功、无功电量的计算

$$抄见电量_i＝（本次示数_i－上次示数_i）×综合倍率 \qquad (3-7)$$

1）翻转

$$抄见电量\,i=(本次示数\,i+10^{表位数}-上次示数\,i)\times 综合倍率 \qquad (3-8)$$

2）线路接反所引起的电能表倒转

$$抄见电量\,i=(上次示数\,i-本次示数\,i)\times 综合倍率 \qquad (3-9)$$

3）翻转且因线路接反所引起的电能表倒转

$$抄见电量\,i=(上次示数\,i+10^{表位数}-本次示数\,i)\times 综合倍率 \qquad (3-10)$$

其中，i 代表各种电价类别对应的用电类型或各用电时段，如居民生活电量、非工业电量、高峰、平段、低谷电量等。

2. 目录电度电费的计算

目录电度电费是依据客户的结算有功电量与该结算电量所对应的目录电度电价的乘积计算的，各种电价类别的目录电度电价执行标准根据各省网公司的规定执行。

1）单费率客户目录电度电费的计算

$$目录电度电费=结算有功电量\times 目录电度电价单价$$

2）多费率客户目录电度电费的计算

$$目录电度电费\,i=结算有功电量\,i\times 目录电度电价单价\,i$$

其中：i 表示各时段。

3）执行阶梯制电价客户目录电度电费的计算。阶梯制电价是针对客户不同的用电量梯度执行不同的电价标准，该电价标准可以根据用电量梯度递增或递减。

执行阶梯制电价客户目录电度电费的计算可以采用不同的处理方法：①将结算电量按阶梯梯度标准划分出各档次的结算电量值，并根据各档次对应阶梯浮动电价计算出相应阶梯电费。②根据不同的电量梯度与对应的梯度电价相乘得到阶梯电费。

如客户为多月抄表，在划分各档次电量值时阶梯梯度标准需乘以抄表间隔月数。

如当月发生变更或需要分次计算的客户，在计算目录电度电费时，按变更前后或分次抄表的抄见电量及对应的目录电度电价单价分段进行计算。

3. 代征费用的计算

代征费用是指按照国务院授权部门批准，随结算有功电量征收的基金及附加所对应的费用。

（1）各项代征费计算

$$代征电费\,i=结算有功电量\times 基金及附加单价 \qquad (3-11)$$

$$总代征费用=\sum_{i=1}^{n}代征费用\,i \qquad (3-12)$$

其中：i 表示各基金及附加的类型。

（2）若分时段的基金及附加单位不一致

$$某项代征费用\,j=\sum_{i=1}^{n}代征费用\,i \qquad (3-13)$$

其中：i 表示各时段。

$$总代征费用=\sum_{i=1}^{n}某项代征费用\,j \qquad (3-14)$$

其中：j 表示各基金及附加的类型。

二、两部制电价电费计算

两部制电价是把电价分成两部分，一部分是以客户的用电容量或最大需量计算的基本电价，另一部分是以客户用电量计算的电度电价。按两部制电价分别计费后，电费的总和即为客户应付的电费。但现行电价制度中规定，实行两部制电价计费的客户还应同时实行功率因数调整电费的办法。因此，两部制电价电费的构成由三部分组成：基本电费、电度电费和功率因数调整电费。目录电价包含目录电度电价、各项基金及附加单价的总和。对应的电费有基本电费、目录电度电费、代征电费。

（一）基本电费的计算

基本电费有两种计算方式，一种是按变压器容量计算，另一种是按最大需量计算。

1. 按客户自备的受电变压器容量计算

凡以自备专用变压器受电的客户，基本电费可按变压器容量计算。计费容量另外还包括不通过专用变压器接用的高压电动机容量，千瓦视同千伏安。计算公式如下

基本电费＝基本电价×（专用变压器容量＋不通过专用变压器接用的高压电动机容量）

对备用的变压器（含高压电动机）属于冷备用状态并经供电企业加封的，不收基本电费；属于热备用状态的或未经加封的，不论使用与否都计收基本电费。客户专门为调整用电功率因数的设备，如电容器、调相机等，不计收基本电费。

在受电装置一次侧装有连锁装置互为备用的变压器（含高压电动机），按可能同时使用的变压器（含高压电动机）容量之和的最大值计算其基本电费。

备用变压器已经供电部门封停或装有闭锁装置，不可能发生变压器同时投运的，则基本电费按变压器中容量较大的一台变压器的容量计算基本电费。

2. 按最大需量计算

由供电企业安装最大需量电能表，记录客户一个月内的最大需量数值，基本电费按最大需量计算。计算公式如下

基本电费＝最大需量×基本电价

对于按最大需量计算基本电费的客户，应按以下规定执行：

（1）计费最大需量包括不通过专用变压器接用的高压电动机容量。

（2）客户申请的容量低于变压器与不通过专用变压器接用的高压电动机容量总和的40%时，则按容量总和的40%核定最大需量。但如果电网负荷紧张，供电企业限制客户用电负荷，造成最大需量低于容量总和的40%时，可按低于40%的容量总和核定最大需量。

（3）最大需量是以客户申请的供电企业核定值为准，实际需量超出核定值5%，超过5%部分的基本电费加一倍收取。

1）实际抄见最大需量小于或等于核定值或大于核定值但没超过核定值5%

$$基本电费＝核定值×基本电价$$

2）实际最大需量超过核定值5%

基本电费＝核定值×基本电价＋（抄见最大需量－核定值×1.05）×基本电价×2

（4）最大需量的计算应以客户在15min内平均最大需量为依据，由最大需量表测得。

（5）多路进线的客户，各路进线应分别计算最大需量。在分路计算最大需量的情况下，如因供电企业原因（如线路计划检修）而造成客户某一路最大需量增加，其增大部分可在计算当月最大需量时合理扣除。

（6）对转供客户计算基本电费时应扣减被转供户的实际容量。所谓实际容量是指实际的最大负荷千瓦数（或最大需量）和实际变压器千伏安数。转供户扣减转供容量后，达不到执行两部制电价的容量的，不得执行两部制电价。

最大需量按下列规定折算：

1）照明及一班制：每月用电量 180kWh，折合为 1kW；

2）二班制：每月用电量 360kWh，折合为 1kW；

3）三班制：每月用电量 540kWh，折合为 1kW；

4）农业用电：每月用电量 270kWh，折合为 1kW。

（二）电度电费的计算

1. 结算电费的计算

电度电费的计算是依据抄表员抄录的电表指示数，结合计量方式，计算出结算电量后，按照规定的电价计算电费。计算公式如下

$$电度电费 = 结算电量 \times 电度电价$$

结算电量是供电企业电费管理部门与电力客户最终结算电费的电量。

一般计算式为

$$结算电量 = 抄见电量 + 变压器损耗电量 + 线路损耗电量 + 其他未经计量装置记录的电量$$

其他未经计量装置记录的电量包括电压互感器损耗电量、断相计时仪折算的失压电量等。

$$抄见电量 = （电能表本月指示数 - 电能表上月指示数）\times 综合倍率$$

根据客户安装电能计量装置的位置不同，结算电量的计算方式也不同，大致可分为以下几种情况：

（1）高供高计，即高压供电客户电能计量装置安装在受电变压器的高压侧。此时电能计量点与产权分界点相一致，表计计量电量即为客户全部用电量，因此对高供高计客户则有

$$结算电量 = 抄见电量$$

（2）高供低计，即高压供电客户电能计量装置安装在受电变压器的低压侧。此时电能计量点与产权分界点不一致，根据《供电营业规则》，当用电计量装置不安装在产权分界处时，线路与变压器损耗的有功与无功电量均须由产权所有者负担。由于电能表未计量受电变压器在运行中所产生的损耗，因此客户实际用电应在表计电量的基础上加上变压器损失的有功电量。因此对高供低计客户则有

$$结算电量 = 抄见电量 + 变压器损失电量$$

（3）专线客户，对电能计量装置不在产权分界处的专线客户应根据线路长度、型号、负荷大小等加计线损电量。

（4）转供电客户，在计算转供户用电量时，向被转供户供电的公用线路与变压器的损耗电量应由供电企业负担，不得摊入被转供户用电量中。计算电度电费及功率因数调整电费时应扣除被转供户、公用线路与变压器消耗的有功、无功电量。

2. 峰谷分时电费计算

实行峰谷分时电价的客户必须装设分时电能表，分别计量尖、峰、平、谷（或峰、平、谷）各时段的电量。其电度电费计算公式为

$$电度电费 = 高峰电量 \times 高峰电价 + 低谷电量 \times 低谷电价 + 平段电量 \times 平段电价$$

或　　　电度电费＝尖峰电量×尖峰电价＋高峰电量×高峰电价＋低谷电量×低谷电价

　　　　　　　　＋平段电量×平段电价

对计量总表中包含的不执行分时电价的电量，应按一定比例分别从各时段电量中扣除。

（三）功率因数调整电费计算

1. 功率因数的计算

客户平均功率的计算根据每月实用有功电量和无功电量计算，即月加权平均功率因数

$$\cos\varphi = \frac{1}{\sqrt{1 + (A_Q/A_P)^2}} \qquad (3-15)$$

式中　　A_Q——月实用有功电量；

　　　　A_P——月实用无功电量。

而　　　　　　　　$\frac{A_Q}{A_P} = \frac{3UI\sin\varphi}{3UI\cos\varphi} = \tan\varphi \qquad (3-16)$

则　　　　　　　　$\cos\varphi = \frac{1}{\sqrt{1 + \tan^2\varphi}} \qquad (3-17)$

　　由式（3-16）可知，无功电量与有功电量的比值等于功率因数角的正切值。计算客户功率因数只需计算无功电量和有功电量的比值，就可以从 $\tan\varphi$ 与 $\cos\varphi$ 的对照表中直接查出 $\cos\varphi$ 的值。

　　凡实行功率因数调整电费的客户，应装设带有防倒装置的无功电能表；凡装有无功补偿设备且有可能向电网倒送无功电量的客户，要求加装无功补偿自动投切装置。同时，供电企业应在电费计量点处加装带有防倒装置的反向无功电能表，按倒送的无功电量与实用电量两者的绝对值之和，计算月平均功率因数。

　　根据电网需要，对客户实行高峰功率因数考核，加装记录高峰时段内有功、无功电量的电能表，据以计算月平均高峰功率因数；对部分客户还可试行高峰、低谷两个时段分别计算功率因数。

　　2. 功率因数调整电费的计算

　　（1）根据计算的功率因数，高于或低于规定标准时，在按照规定的电价计算出客户的当月电费后，再按照"功率因数调整电费表"所规定的调整率计算增收或减收的调整电费。如客户的功率因数在"功率因数调整电费表"所列两数之间，则以四舍五入计算。

　　（2）对个别情况可以降低考核标准或不予考核。根据电网的具体情况，对于不需增设无功补偿设备，用电功率因数就能达到规定标准的客户，或离电源点较近，电压质量好，无需进一步提高用电功率因数的客户，可以降低功率因数标准值或不实行功率因数调整电费办法，但须经省、市、自治区电力局批准，并报电网管理局备案。

　　对于已批准同意降低功率因数标准的客户，如果实际功率因数高于降低后的功率因数标准，不予减收电费，但低于降低后的功率因数标准时，则按增收电费的百分数增收电费。

　　（3）电费的计算步骤。

　　1）计算月加权平均功率因数；

　　2）根据考核标准和计算值查表得调整率；

　　3）计算调整电费：调整电费＝（基本电费＋电度电费）×调整率；

　　4）总电费＝基本电费＋电度电费＋调整电费；

对于实行单一制电价的客户方法类似，只是没有基本电费部分。

（4）执行中的实际情况处理。

1）对于计费用电能表未装在产权分界处的客户，计算功率因数时应考虑线路和变压器的有功损耗和无功损耗。

2）总表内的居民生活照明电量，应参加功率因数调整电费计算。

3）当以多个供电点、多种电压向一个客户供电时，客户月平均功率因数应分别计算。

4）当以多个供电点、同一电压向一个客户供电时，若高压侧或低压侧可互为倒送供电者，应合并计算功率因数；若不能倒送电者，应分别计算功率因数。

5）当以一个供电点向客户多台变压器供电，且分别装表计量而且不能互供者，应分别计算功率因数；可互供者，应合并计算功率因数。

按规定，销售电价内包含的国家规定的各类基金和附加费用不列入功率因数调整电费计算。

例 3-1 某 10kV 工业客户，运行变压器容量为 2000kVA，9 月末抄见电量：有功电量为 100 万 kWh，无功电量为 50 万 kvarh。计算该月电费和各项待征费用。[电价标准（不含代征费）：电度电价为 0.443 元/kWh，基本电价为 20 元/(kVA·月)，大型水利工程建设基金为 0.013 元/kWh，公用事业附加费为 0.01 元/kWh]

解 基本电费$=20\times2000=40\ 000$（元）

电度电费$=0.443\times1\ 000\ 000=443\ 000$（元）

$\tan\varphi=50/100=0.5$，$\cos\varphi=0.89$

根据功率因数调整电费办法，该客户应执行 0.90 的考核标准。由于客户实际功率因数值低于考核标准值，电费增加 0.5%。

功率因数调整电费$=(40\ 000+443\ 000)\times0.5\%=2415$（元）

总电费$=40\ 000+443\ 000+2415=485\ 415$（元）

大型水利工程建设基金$=0.013\times1\ 000\ 000=13\ 000$（元）

公用事业附加费$=0.01\times1\ 000\ 000=10\ 000$（元）

代征费用小计：$13\ 000+10\ 000=23\ 000$（元）

客户应付费用总计：$485\ 415+23\ 000=508\ 415$（元）

例 3-2 某塑编印刷有限公司，10kV 供电，设备容量为 400kVA，高供高计。电流互感器电流比为 25/5，按容量收取基本费，抄表示数见表 3-2，求该户 7 月电费。设电价标准（含代征费）：尖峰电价为 1.084 32 元/kWh，高峰电价为 0.966 1 元/kWh，平段电价为 0.6292 元/kWh，低谷电价为 0.333 67 元/kWh，基本电价为 20 元/(kVA·月)，各项代征费用总和为 0.038 14 元/kWh。

表 3-2　　　　　　　　　　　　　电 费 计 算 信 息 表　　　　　　　　　　　　　元

日期 示数	总有功	尖	峰	平	谷	总无功
2013 年 6 月	1650.2	270.74	295.56	567.38	516.52	494.94
2013 年 7 月	1786.55	293.55	319.87	614.4	558.73	545.69

解 电量电费：

总有功电量$=(1786.55-1650.2)\times500=68\ 175$（kWh）

尖电量电费＝（293.55－270.74）×500×1.084 32＝11 405×1.084 32＝12 366.67（元）

峰电量电费＝（319.87－295.56）×500×0.9661＝12 155×0.9661＝11 742.95（元）

平电量电费＝（614.4－567.38）×500×0.6292＝23510×0.6292＝14 792.49（元）

谷电量电费＝（558.73－516.52）×500×0.333 67＝21 105×0.333 67＝7042.11（元）

总无功电量＝（545.69－494.94）×500＝25 375（kvarh）

基本电费＝400×20＝8000（元）

力率调整电费计算：

$\tan\varphi$＝25 375/68 175＝0.372，实际功率因数为0.94，考核标准为0.90，查力率调整电费调整表得电费调整率为－0.60%，则

力率调整电费＝［（12 366.67＋11 742.95＋14 792.49＋7042.11＋8000）－（68 175×0.038 14）］×（－0.6%）＝－308.06（元）

合计电费为

12 366.67＋11 742.95＋14 792.49＋7042.11＋8000－308.06＝53 636.16（元）

例3-3　某肉类加工有限公司，10kV供电，设备容量为2850kVA，高供高计，电流互感器电流比为100/5，按需量收取基本费，核定值为总容量的40%，抄表示数见表3-3，求该户7月电费。设电价标准（含代征费）：尖峰电价为1.084 32元/kWh，高峰电价为0.9661元/kWh，平段电价为0.6292元/kWh，低谷电价为0.333 67元/kWh，基本电价为28元/（kW·月），各项代征费用总和为0.038 14元/kWh。

表3-3　　　　　　　　　**电费计算信息表**　　　　　　　　　　　元

示数 日期	总有功	尖	峰	平	谷	总无功	需量
2013年6月	2895.4	306.56	351.05	1325.84	911.95	1494.16	
2013年7月	3008.75	315.28	357.84	1381.92	953.71	1580.63	0.4793

解

总有功电量＝（3008.75－2895.4）×2000＝226 700（kWh）

尖电量电费＝（315.28－306.56）×2000×1.084 32＝17 440×1.084 32＝18 910.54（元）

峰电量电费＝（357.84－351.05）×2000×0.9661＝13580×0.9661＝13 119.64（元）

平电量电费＝（1381.92－1325.84）×2000×0.6292＝112 160×0.6292＝70 571.07（元）

谷电量电费＝（953.71－911.95）×2000×0.333 67＝83 520×0.333 67＝27 868.12（元）

总无功电量＝（1580.63－1494.16）×2000＝172 940（kVarh）

最大需量＝0.4793×2000＝959（kW）

核定需量＝2850×40%＝1140（kW），大于959 kW

基本电费＝1140×28＝31 920（元）

力率调整电费计算：

$\tan\varphi$＝172 940/226 700＝0.7628　实际功率因数为0.80　考核标准为0.90，

查力调电费调整表得电费调整率为5.0%，则

力率调整电费＝［（18 910.54＋13 119.64＋70 571.07＋27 868.12＋31 920）－（226 700×0.038 14）］×5.0％＝7687.15（元）

合计电费＝18 910.54＋13 119.64＋70 571.07＋27 868.12＋31 920＋7687.15＝170 076.52（元）

例3-4　某大工业客户受电变压器容量为1000kVA，受供电企业委托对一居民点进行转供电，某月大工业客户抄见有功电量为418 000kWh，无功电量为300 000kvarh，最大需量为800kW，居民点总有功电量为18 000 kWh，不考虑分时电费和居民点的无功电量，试求该大工业客户当月电费为多少？［设电价标准（不含代征费）：电度电价为0.45 元/kWh，基本电价为28 元/(kW·月)］

解　大工业客户有功电量＝418 000－18 000＝400 000（kWh）

居民点电量折算最大需量＝18 000÷180＝100（kW）

大工业客户基本电费＝（800－100）×28＝19 600（元）

电度电费＝400 000×0.45＝180 000（元）

$\tan\varphi$＝300 000/418 000＝0.7177，$\cos\varphi$＝0.81

根据功率因数调整电费办法，该客户应执行0.90的考核标准。由于客户实际功率因数值低于考核标准值，电费增加4.5％，则

功率因数调整电费＝（19 600＋180 000）×4.5％＝8982（元）

总电费＝19 600＋180 000＋8982＝208 582（元）

三、新装、增容、变更用电基本电费计算

新装、增容、变更与终止用电当月的基本电费，可按运行设备的实用天数（日用电不足24h的，按一天计算），每日按全月基本电费1/30计算。事故停电、检修停电、计划限电不扣减基本电费。对于全月运行的设备基本电费按正常时计算，不足整月运行的设备的基本电费计算公式如下

$$基本电费 = \frac{设备容量 \times 基本电价}{30} \times 设备容量实用天数$$

例3-5　某客户10kV供电，新增容量为315kVA变压器，于3月20日投运，又于本年6月19日增容一台720kVA变压器。求3月及6月的基本电费。［基本电价为20 元/(kVA·月)］

解　315kVA变压器3月实用天数＝31－20＋1＝12（天）

3月基本电费＝315×12/30×20＝2520（元）

6月有两台变压器投入运行，其中315kVA变压器6月整月运行

720kVA变压器6月实用天数＝30－19＋1＝12（天）

3月基本电费＝315×20＋720×12/30×20＝12 060（元）

例3-6　某客户于2000年3月10日新装接了容量为1000kVA的变压器，并投入运行，2001年6月15日办理暂停，试问该客户2001年6月应付的基本电费是多少？［基本电价收取标准为20 元/(kVA·月)］

解　6月应付基本电费＝1000×20×15/30＋（1000×20×15/30）×50％

＝10 000＋5000

＝15 000（元）

任务四 电费复核

【任务描述】

客户电费计算信息复核、客户电费复核。

【任务准备】

与电费计算的相关信息有哪些？有关电费计算的基本规定有哪些？哪些情况会造成功率因数异常？变压器损耗异常的原因有哪些？分析复核的方法有哪些？

【任务实施】

根据报装资料进行客户电费计算信息复核，确认无误后根据计费方式和电价进行电费计算复核。

【相关知识】

一、电费计算信息复核

1. 与电费计算的有关信息

与电费计算的相关信息主要包括供电容量、行业分类、供电电压、功率因数考核方式、功率因数考核标准、是否执行峰谷考核、执行电价、定价策略类型、电量定比、计量方式、综合倍率、示数、变压器首次运行时间、转供标志、变压器损耗（有功空载损耗、无功空载损耗、有功负载损耗、无功负载损耗、K 值）及线损分摊标志、划拨信息、分次结算信息。

2. 相关信息与电费计算的关系（见表 3-4）

表 3-4　　　　　　　　　　相关信息与电费计算的关系

相 关 信 息	与 电 费 的 关 系
供电容量、用电性质	确定功率因数标准值是否正确
供电电压	确定不同电压下的电价标准
执行电价、电价行业分类	确定电价分类
转供标志	确定是否转供、转供的电量和容量
功率因数考核方式	确定客户是否进行功率因数考核
定价策略类型	确定客户执行单一制电价还是两部制电价
是否执行峰谷标志	确定客户是否执行分时电价
功率因数标准	结合实际功率因数值确定客户功率因数调整率
计量方式、变压器损耗计算标志	确定客户是否需要单独计算变压器损耗
定量定比值、定比扣减标志	确定定量定比值及扣减规定
变压器损耗计算标准	确定变压器损耗计算所需的参数
变压器损耗分摊标志、分摊协议值	确定变压器损耗分摊的方法及分摊的数值
线损结算方式、计算标志	确定线损是否计算

相 关 信 息	与 电 费 的 关 系
线损分摊标志、分摊协议值	确定线损耗分摊的方法及分摊的数值
电压变比、电流变比、综合倍率	确定客户的综合倍率
示数类型、示数、抄见位数	确定抄见电量
铭牌容量、运行状态、首次运行日期、停运日期	确定变压器的状态及运行时间、基本电费计算
流程编号、开始时间、结束时间	确定新装客户流程的相关信息
划拨协议信息、分次结算信息	确定客户的划拨、分次结算相关信息
违约金信息	确定违约金的计算日期
目录电价	确定客户的目录电度电费、基本电费
各类基金及附加	确定代征费用

3. 电费计算信息复核示例

例 3 - 7　某新增客户，供电容量为 400kVA，供电电压为 10kV，计量方式为高供高计，居民生活（城镇合表）用电。接电日期为 2009 年 4 月 26 日，第一次抄表日期为 2009 年 6 月 5 日。已知该客户变压器对应的损耗分别为：有功损耗系数 0.01，无功 K 值 2.772，有功空载损耗 1kW，无功空载损耗 5.51kvar。电度电价为 0.538 元/kWh。2009 年 6 月电费台账信息（在台账中对应变压器使用天数为 31 天）见表 3 - 5，根据给定条件复核相关信息，若有错，请分析可能的原因并说明如何处理。

表 3 - 5　　　　　　　　　　　客 户 台 账 信 息

电量类型	抄见电量（kWh）	变压器有功损耗电量（kWh）	线损电量（kWh）	结算有功电量（kWh）
正向有功	15 449	898	0	16 347

解　复核结果：由给定信息计算得出变压器有功损耗电量为

$$15\ 449 \times 0.01 + 1 \times 24 \times 31 = 898\ (\text{kWh})$$

但从 2009 年 4 月 26 日变压器投运到 2009 年 6 月 5 日第一次抄表，变压器损耗计算时间应为 40 天，显然铁损电量的计算信息发生了错误，少计 9 天铁损电量。

处理情况：按规定补收这 9 天铁损电量所对应的电度电费。利用电费退补流程完成电费退补工作。

二、执行单一制电价客户电费复核

1. 功率因数异常的主要原因

（1）电量原因造成功率因数异常，主要是由于未抄表、表抄错、计量装置故障、自动抄表数据错误、拆表冲突造成的数据无法输入等。

（2）参数错误，主要是客户的功率因数标准设置错误、行业分类与执行电价不对应等。

（3）客户自身的原因，主要是客户的用电设备配置不合理、无功过补偿或欠补偿、用电情况不正常等。

（4）违约用电、窃电。

（5）客户变更用电时未按要求进行特抄。

2. 变压器损耗异常的主要原因

（1）变压器损耗计算标志设置错误。如在营销业务应用系统中将高供低计客户的变压器损耗计算标志设置成高供高计，造成营销系统无法计算变压器损耗；或将高供高计客户的变压器损耗计算标志设置成高供低计，造成营销系统重复计算了变压器损耗。

（2）变压器损耗分摊标志或分摊协议值设置错误，会导致变压器损耗分摊时出现错误。

（3）变压器的损耗算法错误，会导致变压器损耗的计算方法发生错误。

（4）变压器的损耗计算标准错误，会导致变压器损耗数值计算错误。

（5）变压器运行状态不正确。如变压器实际在运行状态，而由于某种原因在营销系统中的状态为停用，营销系统将无法计算变压器损耗。

（6）没有抄见数（未用电、未抄表等原因），会造成变压器铜损为零。

（7）抄错表计读数、表计故障等原因也会造成变压器损耗计算异常。

3. 线路损耗异常的主要原因

（1）专线且计量装置未装在产权分界处的客户，线路损耗计算方式、线路损耗计算标志设置错误，导致应该计算线路损耗电量的客户其线路损耗电量为零。

（2）线路损耗分摊标志或分摊协议值设置错误，导致线路损耗电量分摊发生错误。

（3）高供低计客户计量方式与线路损耗计算不匹配，造成线路损耗计量异常。

（4）抄读表计读数、计量装置故障等原因造成线路损耗计算异常。

4. 抄见零电量的主要原因

（1）客户自身未用电。

（2）多功能电能表的各时段未设置好，会造成客户某个时段的电量为零。

（3）抄表质量问题。由于抄表人员抄表不到位、抄错等原因造成抄见电量为零。

（4）计量装置故障等原因造成无法抄录电能表的读数。

（5）变更时应进行特抄的客户未特抄。

（6）客户绕越计量装置用电等。

5. 电量突增突减的主要原因

（1）造成电量突增的原因主要有私自增容、私自转供电、擅自改类、电能表倍率错误、抄表错误、拆表读数输入错误、气候原因、正常增容等。

（2）造成电量突减的原因主要有生产任务减少、客户长时间未用电、客户有可能窃电、气候原因、减容、暂停等。

6. 总表电量小于子表电量的主要原因

主要是抄表质量、表计故障、接线错误、客户窃电等。

7. 电费异常的主要原因

（1）目录电度电费异常的原因。执行电价错、抄见电量计算错误、变压器损耗电量计算错误、线路损耗电量计算错误、转供电量计算错误、各种分表电量计算错误、多费率表时段设置错误、抄表人员读数输入错误等。

（2）代征费用异常的原因。基金及附加类型和数额错误、电量错误。主要是特殊的客户，其基金和附加费与一般的客户有区别。

8. 发生电量电费退补的主要原因

（1）计量原因。电能表倒走，电能计量装置故障、电能计量装置被盗、电能计量装置接线错误、因调表原因退居民客户阶梯电费等。

（2）抄表差错。电能表读数抄错、拆表客户的拆表读数输错，实行阶梯制电价的客户由于抄表原因需要退阶梯电费。

（3）计费参数错误。电价执行错误、变压器运行时间错误、电力营销业务应用系统中变压器状态与现场不一致。

（4）违约用电、窃电。

（5）无表临时用电等。

三、执行两部制电价客户电费复核

1. 基本电费信息复核

复核执行两部制电价客户的电费信息时，除按照执行单一制电价客户的要求复核外，还要特别关注与基本电费有关的变更用电的信息。

对新装、增容客户要注意复核容量、基本电费计算方式、需量值、变压器投运时间等。

对变更客户要注意复核容量、基本电费计算方式是否改变、基本电费计算起止时间；减少、暂停容量值是否需要计收 50% 的基本电费；一年内暂停的次数、暂停的实际天数（少于 15 天或已超过 6 个月）、需量客户是否全部容量暂停、暂换客户是否按暂换后的容量计算基本电费等。

例 3-8　某建材公司，2010 年 5 月新装高压用电客户，10kV 供电，供电容量为 315kVA，行业分类为砖瓦、石材及其他建筑材料制造。执行电价为大工业分时电价，按容量收取基本电费，功率因数标准为 0.90。2010 年 11 月办理暂停业务，实际停电日期为 2010 年 11 月 1 日，暂停半年。2011 年 5 月正常抄表，电量电费计算结果见表 3-6。根据电费结算清单复核相关信息，若有错，请分析可能的原因并说明处理情况。

表 3-6　　　　　　　　　　××省电力公司电费结算清单

区号：　　　　　　　　　　　　　　　　　　　　　　　　　核算年月：201105

客户编号		客户名称			新型建材有限公司		
抄表序号	10016	用电地址					
本月应收合计		陆万零叁佰贰拾玖元贰角叁分				￥60 329.23	
总有功电量	10 1505	总无功电量	424 17	电量电费	57 350.33	力率调整电费	−171.1
力率调整标准	考核标准 0.9	参加力率调整电费	57 034.95	实际力率	0.92	力率调整系数	−0.003
合同容量	315	计费容（需）量	157.5	基本价格	20	基本电费	3150

计费类别	时段	电量	电价	损耗电量	其中追退电量	电费	定比/定量	计费表套号

解　复核结果：从电费结算清单看，2011 年 5 月的结算清单，该客户属于大工业用电客户，《供电营业规则》规定：暂停期限满，不论用户是否申请恢复用电，供电企业须从期满之日起，按合同约定的容量计收其基本电费；而该户已经报停期满，但基本费仍按总容量的 50% 收取。

处理情况：（1）已经报停期满，应按总容量收取基本费，很显然，少收 50% 的基本电费；

（2）按照规定，收取全月基本电费。

修改后，正确电费结算清单，见表 3-7。

表 3-7　　　　　　　　　　　　　**××省电力公司电费结算清单**

区号：　　　　　　　　　　　　　　　　　　　　　　核算年月：201105

客户编号			客户名称		新型建材有限公司			
抄表序号	10016		用电地址					
本月应收合计	陆万叁仟肆佰陆拾玖元柒角捌分						¥63 469.78	
总有功电量	101 505		总无功电量	42417	电量电费	57 350.33	力率调整电费	−180.55
力率调整标准	考核标准0.9		参加力率调整电费	60184.95	实际力率	0.92	力率调整系数	−0.003
合同容量	315		计费容（需）量	315	基本价格	20	基本电费	6300

计费类别	时段	电量	电价	损耗电量	其中追退电量	电费	定比/定量	计费表套号

2. 新装、增容、变更用电功率因数调整电费的计算复核

对新装、增容、变更客户不仅要注意复核基本电费的相关信息，还需要注意的是功率因数调整电费的计算。查看功率因数执行标准是否按功率因数的适用范围执行。

（1）如增容、变更用电引起客户执行的功率因数标准发生变化，需根据变化前后的电量数据分段进行计算实际功率因数。

（2）如增容、变更用电未引起客户执行的功率因数标准发生变化，则根据实际业务需要按变更前后的电量数据进行分段计算或采用全月结算电量进行计算实际功率因数。

例 3-9　某居民小区的建筑工地，10kV 供电，供电容量为 800kVA，行业分类为建筑，执行电价为一般工商业电价，不执行分时电价，功率因数标准为 0.85。2011 年 9 月工地建筑完工，改类为居民生活用电，该月供电公司完成抄表后，电量电费计算结果见表 3-8。

表 3-8　　　　　　　　　　　　　**××省电力公司电费结算清单**

区号：　　　　　　　　　　　　　　　　　　　　　　核算年月：201109

客户编号			客户名称		置业有限公司			
抄表序号	−1		用电地址					
本月应收合计	贰仟伍佰捌拾陆元捌角贰分						¥2586.82	
总有功电量	5000		总无功电量	1000	电量电费	2605	力率调整电费	−18.18
力率调整标准	考核标准0.85		参加力率调整电费	2424.3	实际力率	0.98	力率调整系数	−0.0075
合同容量	800		计费容（需）量		基本价格		基本电费	

计费类别	时段	电量	电价	损耗电量	其中追退电量	电费	定比/定量	计费表套号
房民生活电价（>1kV）	平段	5000	0.521	0	0	2605.00		00000591394

套号	母表	时段	表计类型	表计编号	类型	本月读数	上月读数	倍率	抄见电量	追退	变压器损耗	线路损耗	合计电量

解　复核结果：从电费结算清单看，2011 年 9 月的结算清单，该客户属于居民生活用电，而居民生活电价不应该执行力调电费，显然力调标准错误，对应的功率因数标准执行也是错误的。

处理情况：（1）经调查、确认、审批后将错误信息改正；

（2）因为力调标准错误，导致功率因数调整电费计算错误，需重新计算电费、功率因数调整电费。

修改后，正确电费结算清单见表 3-9。

表 3-9　　　　　　　　　　××省电力公司电费结算清单

区号：　　　　　　　　　　　　　　　　　　　　　　核算年月：201109

客户编号			客户名称		置业有限公司			
抄表序号	−1		用电地址					
本月应收合计	贰仟陆佰零伍元整					￥2605.00		
总有功电量	5000		总无功电量	1000	电量电费	2605	力率调整电费	
力率调整标准	不考核		参加力率调整电费		实际力率	0	力率调整系数	
合同容量	800		计费容（需）量		基本价格		基本电费	

计费类别	时段	电量	电价	损耗电量	其中追退电量	电费	定比/定量	计费表套号
房民生活电价（>1kV）	平段	5000	0.521	0	0	2605.00		00000591394

套号	母表	时段	表计类型	表计编号	类型	本月读数	上月读数	倍率	抄见电量	追退	变压器损耗	线路损耗	合计电量

四、各类错误计算信息修改

根据要求，电费核算人员应对涉及电费计算的电价类别、综合倍率、功率因数标准、峰谷考核计费参数等方式进行正确性的检查，并对功率因数异常、零电量客户、新装用电客户、用电变更客户、电能计量装置参数变化等客户进行重点审核，发现电费计算中存在的问题，找出原因进行相应的处理。

（一）电量电费审核规则

对电费计算完成或者抄表复核完成的客户的电量电费结果按审核规则进行审核。

1. 抄见零电量用户：连续大于 n（n 作为参数可设定）个抄表周期电量为零

审核客户在计算出的本月电费时，用电客户有多个抄表周期电量都为 0。

2. 电费异常设定：电费为负

审核客户在计算出的本月电费为负。

3. 表异常：各时段电量与总电量的误差范围

审核用户在计算出的本月电费时，客户电能表是分时表，有功（总）＝ 有功（尖）＋有功（峰）＋有功（谷）＋有功（平），如果不等，则审核出来。

4. 表异常：止度小于起度的

审核客户在计算出的本月电费时，电能表本次抄表示数与上次示数比较。

5. 表异常：与上月或末次计费比较计费倍率发生变化

审核客户在计算出的本月电费时，客户电能表本次计费与上次计费比较差别较大。

6. 表异常：止度变为零

审核客户在计算出的本月电费时，客户电能表本次计费与上次计费比较没有变化。

7. 应计算力率调整电费的客户无功电量为 0

审核客户本月有有功电量而无无功电量，无法计算力调电费，则审核出来。

8. 变损异常：供电电压在 10kV 及以上高供低计的客户没有收取变压器损耗

审核客户在计算出的本月电费时，客户档案中有专用变压器，并且供电电压为 10kV 及以上设置了高供低计的客户，如果变压器损耗分摊标志设置为否，则不能按照标准计算出变压器损耗电量。

9. 功率因数值：功率因数标准执行的范围设定情况

审核客户在计算出的本月电费时，客户档案中的受电点上功率因数标准执行的范围。

合同容量在 160kVA 以上的供电电压为 10kV 及以上的工业用户（普通工业用户和大工业用户），而功率因数标准未执行 0.90，合同容量在 100kVA 及以上、160kVA 及以下的供电电压为 10kV 及以上的工业用户、100kVA（kW）及以上的非工业用户和商业用户，而功率因数标准未执行 0.85，农业用电，功率因数为 0.8。

10. 计费档案异常：100kVA 以上未执行力率考核

审核客户在计算出的本月电费时，客户档案中有容量为 100kVA 以上的变压器，但是受电点上没有设置为考核力率。

11. 基本电费异常：大于或等于 315kVA 的大工业用户，应执行两部制电价而没有执行两部制电价

审核客户在计算出的本月电费时，客户档案中有变压器容量大于或等于 315kVA，应执行两部制电价，未执行两部制电价的。

12. 基本电费异常：没有抄见电量只有基本电费

审核客户在计算出的本月电费时，客户档案中受电点上设置电价是两部制，该客户没有抄见电量但计算出基本电费。

13. 基本电费异常：有抄见电量没有基本电费

审核客户在计算出的本月电费时，有抄见电量，没有计算出基本电费。看客户档案中受电点上是否设置电价是两部制。

（二）错误计算信息的判断

1. 容量类的错误计算信息

计算起止日与实际不符、客户变压器计算容量与档案容量不一致等。

2. 计量类的错误计算信息

综合倍率错误、计量故障造成错误、表计失窃、接线错误、计量装置质量等。

3. 电价类的错误计算信息

执行电价错误、行业分类错误、功率因数标准错误、电价与行业分类不对应等。

4. 其他原因

档案信息与现场信息不一致、由于换表等原因造成变压器使用天数重复、营销业务应用系统中信息错误、抄表错误等。

（三）错误计算信息修改的流程

按照国家电网公司《营销业务应用标准化设计业务模型说明书》，错误信息的修改可以依照图 3-1 所示的流程完成。

（四）错误计算信息的处理

根据不同的错误情况采用对应的方法进行处理。

```
                          ┌──────────┐
                          │   开始   │
                          └────┬─────┘
         ┌─────────────────────┼──────────────────────┐
  ┌──────┴──────┐      ┌───────┴──────┐      ┌─────────┴────────┐
  │  客户反映   │      │  汇总差错情况 │      │ 相关部门发现差错 │
  └─────────────┘      └───────┬──────┘      └─────────┬────────┘
                       ┌───────┴────────┐    ┌─────────┴────────┐
                       │分类登记交不同  │    │ 现场复核错误或缺 │
                       │  部门处理      ├───→│ 陷的纠正和处理    │
                       └───────┬────────┘    └─────────┬────────┘
  ┌──────────────┐             │             ┌─────────┴────────┐
  │ 电费差错处理 │             │             │   填写纠正和     │
  │              │     ◇───────┴───────◇     │   处理情况表      │
  │ ┌──────────┐ │  是 ╱  需修改资料    ╲    └─────────┬────────┘
  │ │ 差错申请 │ │←───  及电量电费       ◇←────────────┘
  │ └──────────┘ │     ╲                ╱
  │ ┌──────────┐ │      ◇───────┬───────◇
  │ │ 差错审批 │ │              │ 否
  │ └──────────┘ │     ┌────────┴───────┐
  │ ┌──────────┐ │     │  差错原因分     │
  │ │ 差错计算 │ │     │  析及考核       │
  │ └──────────┘ │     └────────┬───────┘
  │ ┌──────────┐ │       ◇──────┴─────◇  是  ┌──────────────┐
  │ │ 差错复核 │ │       ╲ 是否重大   ╱────→│ 报省公司备案 │
  │ └──────────┘ │       ◇  差错     ◇      └──────────────┘
  └──────────────┘        ◇─────┬────◇
                                │ 否
                       ┌────────┴───────┐
                       │   资料归档     │
                       └────────┬───────┘
                       ┌────────┴───────┐
                       │    结束        │
                       └────────────────┘
```

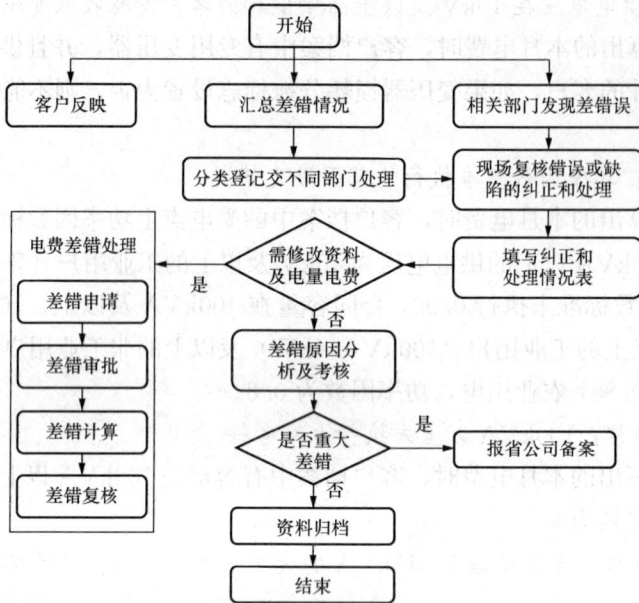

图 3-1　错误信息修改流程

1. 容量错误的处理

当客户的容量计算发生错误时，主要影响客户的基本电费、功率因数调整电费。结合实际情况计算需要的基本电费、功率因数调整电费，在电力营销业务应用系统中发起电量电费退补流程，经审核、审批后完成电量电费的退补工作。

2. 计量错误的处理

计量错误主要影响客户的电度电费、功率因数调整电费。根据不同的计量错误分类，按照《供电营业规则》相关条款的规定，确定需要退补的电量、电度电费、功率因数调整电费，经审核、审批确认后，在营销业务应用系统中完成电量电费的退补工作。

3. 电价错误的处理

电价错误会影响客户的基本电费、电度电费、功率因数调整电费。针对不同的错误类型，经调查、审批、确认后更正错误信息，计算需要退补的电费，在营销业务应用系统中完成电量电费的退补工作，必要时可以全减另发。

4. 其他错误处理

对档案信息错误的情况可以经调查、审批、确认后更正信息，并在营销业务应用系统中进行电量电费的退补。对抄表错误的情况可以在营销业务应用系统中进行工单拆分，按要求进行数据更正的工作。其他的情况经审核、审批确认后计算需要退补的电量电费，在营销业务应用系统中进行电量电费的退补。

无论是什么差错，对发现的问题应每日记录相关的信息，如差错类型、发生时间、责任部门和责任人，各类电费计算特殊事件、处理时间、工作人员、事件发起联系人、批准人、发起原因等；根据现场的实际情况纠正和处理差错，并按月汇总形成复核报告并上交。

【项目总结】

本项目重点学习电费核算的方法，内容包括电费计算参数管理、损耗电量计算、单一制电价电费计算、两部制电价电费计算及新装、增容、变更用电电费计算、电费复核等。重点掌握电费计算的方法及电量、电费等异常情况的分析方法。了解计算信息修改的基本流程和方法。

复习思考

3-1 执行两部制电价的客户电费由哪几部分组成？

3-2 计量方式与变压器损耗计算有什么关系？

3-3 客户当月有增容或变更用电时，功率因数及功率因数调整电费计算的处理办法怎样？

3-4 某工业电力客户，2000年11月的电费为3000元，12月的电费为2000元，2001年1月的电费为3000元，该客户2001年1月18日才到供电企业交纳以上电费，问该客户应交纳电费违约金是多少元？（假设约定的交费日期为每月10~15日）

3-5 某电力客户4月装表用电，电能表准确等级为2.0，到9月时经计量检定机构检验发现该客户电能表的误差为−5%，假设该客户4~9月用电量为19 000kWh，电价为0.45元/kWh，试问应向该客户追补多少电量？实际用电量是多少？合计应交纳电费是多少？

3-6 某大工业客户，装设带连锁装置两路进线，互为备用。已知某月该客户第一路进线的最大需量表读数为0.35，倍率为1000；第二路进线最大需量表读数为0.4，倍率为8000。若约定最大需量为3600kW，基本电费电价为20元/(kW·月)，试求该客户当月的基本电费为多少？

3-7 某工业客户，变压器容量为500kVA，装有有功电能表和双向无功电能表各一块，已知某月该客户有功电能表抄见电量为40 000kWh，无功电能抄见电量为正向25 000kvarh，反向5000kvarh，试求该客户当月力率调整电费为多少？〔假设工业用户电价为0.25元/kWh，基本电费电价为10元/（kVA·月）〕

3-8 高供高计和高供低计客户计算电费的方法有什么不同？

3-9 为什么有实行功率因数调整电费的办法？

3-10 某机械厂10kV供电，受电变压器容量为500kVA，合同约定最大需量为400kW，3月的有功电量为278 000kWh，无功电量为49 000kvarh，该厂的实际最大需量为390kW，基本电价为28元/(kW·月)，电度电价为0.47元/kWh，求该厂本月应支付的电费是多少？

3-11 某工厂7月7日增容投产，其原有315kVA变压器增至630kVA。该月20日因计划检修，供电部门停电1天，月末抄表结算电费，基本电价为20元/(kVA·月)。试计算当月基本电费。

3-12 某农业排灌用户10kV供电，设备容量为800kVA×2，计量总表电压比为10/0.1kV，电流比为100/5A，有、无功电能计量装置1套及380V/220V、40A低压照明分电

表 1 只。无功总表上月抄读指数为 0.58，本月抄读指数为 721；有功总表上月抄读指数为 1236，本月抄读指数为 4302；照明分表上月抄读指数为 02568，本月抄读指数为 03127。试计算分类电量电费及合计电费。（不含代收费）（10kV 工业电价为 0.495 元/kWh，照明电价为 0.54 元/kWh）

3-13　某客户 2006 年 4 月计费电量为 100 000kWh，其中峰段电量为 20 000kWh，谷段电量为 50 000 kWh。客户所在供电区域实行峰段电价为平段电价的 160%，谷段电价为平段电价的 40% 的分时电价政策。请计算该客户 4 月电量电费因执行分时电价支出多或少百分之几？

3-14　某工厂采用 35kV 电压供电，其计量方式为高供高计，该厂的最大需量指示为 0.56，电压互感器变比为 35 000/100V，电流互感器变比为 100/5A，计费有功电能表读数差为 120，无功电能表读数差为 48，力率标准为 0.9，其中非居民照明占总电量的 8%，对该厂核定的最大需量定值为 3500kW。非居民照明电价为 0.565 元/kWh，基本电价为 28 元/（kW·月），电力电度电价为 0.477 元/kWh。计算该客户应交纳电费总额。

3-15　某客户 10kV 高压供电，在低压侧计量，动力回路和照明回路分别装表，受电变压器（S9 型）容量为 160kVA，6 月动力有功电量 57 600kWh，无功电量 29 640kVarh，照明用电量为 5800kWh，求该厂本月平均功率因数为多少？

3-16　某客户主要从事电线、电缆制造，供电容量为 160kVA，供电电压为 10kV。定价策略为单一制电价，功率因数标准为 0.85，不执行分时电价。2009 年 6 月 18 日通过改类流程改为执行分时电价，功率因数标准也随之调整为 0.90。根据给定条件复核相关信息，若有错，请分析可能的原因并说明处理情况。

3-17　某非工业客户，供电容量为 200kVA，供电电压为 10kV，计量方式为高供低计。已知该客户变压器对应损耗参数：有功损耗系数为 0.015，无功 K 值为 2.91，有功空载损耗为 0.48kW，无功空载损耗为 2.555kvar。上次抄表日期为 2009 年 3 月 22 日，本次抄表日期为 2009 年 4 月 22 日。2009 年 4 月电量电费计算信息见表 3-10。根据给定条件复核相关信息，若有错请分析可能的原因并说明处理情况。

表 3-10　　　　　　　　　　　电量电费计算信息

电量类型	抄见电量	变压器损耗电量	线路损耗电量	结算电量
正向总有功（kWh）	2160	390	0	2550
无功（kvarh）	0	1995	0	1995

3-18　《供电营业规则》对增容、减容、暂停时基本电费计算有何规定？

学习情境四

电 费 收 取

【项目描述】

本项目重点学习电费收取的方法。主要内容包括缴费方式及业务处理、欠费管理、电费风险防范、错收处理、营销账务处理等。通过电费收取基本知识的学习，掌握电费收取的工作内容及流程，熟知电费收取的常见方式，学习领会电费结算缴费的方式及标准要求，初步完成电费业务的处理。

【教学目标】

知识目标：

1. 掌握电费回收的方式；
2. 掌握欠费的处理方法；
3. 掌握欠费停复电的程序；
4. 了解账务处理基本知识；
5. 了解电费风险防范的基本方法。

能力目标：

1. 具备简单收费业务处理能力；
2. 会计算电费违约金；
3. 会编制催缴电费通知书。

【教学环境】

教材、黑板、多媒体教学设备、计算器、相关资料。

任务一 电 费 的 收 取

【教学目标】

知识目标：熟知电费收取的工作内容及流程；熟知电费收取的常见方式，学习领会电费结算方式及标准要求。

能力目标：具备电费的收取基本能力。

【任务描述】

围绕电费收取的工作内容及流程，熟悉电费收取的常见方式，电费结算的方式及标准要求，了解客户缴费的时间和方式。

【任务准备】

1. 电费收取工作有何重要性？
2. 电费收取的工作内容有哪些？
3. 电费收取的常见方式有哪些？
4. 如何进行电费结算？
5. 客户缴费的方式有哪些？

【任务实施】

由电费收取的重要性引入电费收取的基本知识。了解电费收取工作的内容及流程，了解客户缴费的时间和方式，了解电费结算的方式及标准，掌握电费收取的常见方式。

【相关知识】

一、电费回收的重要性

电力企业从销售电能到收回电费的全过程，表现在资金流动上，就是流动资金周转到最后阶段收回货币资金的过程。电费回收是供电企业一项重要的经营工作，供电企业既要遵循商品经济的原则，设法及时足额回收电费，又要贯彻人民电业为人民的服务宗旨，以高度的责任感，从维护社会安定，维护国家和人民利益出发，积极细致地做好电费回收工作。回收的电费既反映电力企业所生产的电力商品的价值及电力企业经营成果的货币表现，也是电力企业的一项重要经济指标。按期回收电费可为完成电力企业的重要经济指标做好基础工作，也可为电力企业上缴税金和利润提供资金，从而保证国家的财政收入，还可为维持电力企业再生产过程中补偿生产资料耗费等开支所需的资金。同时，电力企业在按照规定获得利润的情况下，可为扩大再生产提供建设资金。

二、电费收取的工作内容

收费工作是由收费员、收费整理员、现金整理员、应收款整理员等几个岗位互相配合共同完成的，其主要工作项目有：

（1）各种电费收据的保管、填写，按例日发放与领取电费收据，向客户收取电费，并办理托收结算。

（2）转出、转入电费收据的处理。

（3）电费收据存根的汇总，收入现金的整理，填记收入报告整理票、现金整理和收费日志。

（4）按银行的收账通知，及时销账或提取托收凭证的存根，填记收入报告整理票。

（5）复核电费收据存根，对照收入报告整理票和现金整理票与收费日志，填记总收费日志。

（6）处理有关收费工作的日常业务。

三、电费收取的流程

（1）收费整理员接到核算整理员传来的电费收据后，应认真复核户数、款额，填写领发单据，并且要认真保管和按例日发放。

（2）按收费方式的不同，收费人员领取电费收据、托收的电费收据后开始收费。

1）由收费员直接收费的：收费员对领取的电费收据要认真复核户数、款额，然后盖收费员章，再按例日去客户处收费。每日收费结束后要认真复核各项，填写收入报告整理票、现金整理票和收费日志，并分别交收费整理员和现金整理员。收费整理员要复核收费员交来的收入报告整理票和收费日志，并填写汇总收费日志。现金整理员应核对应收数、复核现金，填写银行存款单，送银行存款。

2）由银行托收电费的：电费托收人员领取电费收据，复核后按银行、代号排列，填写托收凭证，与领据单核对后送收费整理员复核。收费整理员复核无误后，盖托收章送银行，银行托收后，电费托收人员要按收账通知单及时销账或提托收存根复核填记收费日志，并将它交给收费整理员。收费整理员要复核收账通知对照收费日志，并填总收费日志。

（3）对于实行购电制和电费储蓄的，在收费管理上也应履行相应的手续，保证制约关系，防止错收和漏收。

四、收费渠道

电费缴费渠道是供电企业销售电能、获得收入的渠道。根据参与缴费过程的收费服务提供商的不同，客户缴纳电费的渠道可以分为供电企业、金融机构和非金融机构三类。金融机构包括银行和邮局、银联等特殊金融企业；非金融机构通信行业、大型商场、超市、特殊行业的连锁专卖店、通过保证金授权的个体经营者等。

五、常见的电费收取方式

目前，电力销售部门收取电费的方式主要有代收、走收、坐收、特约委托收费、储蓄付费分次交纳电费、自助交费等方式。

1. 坐收

营业部门设立的营业站或收费站（点）固定值班收费，称坐收或台收。收费人员使用本单位收费系统以现金、POS刷卡、支票、汇票等结算方式，收取客户的电费、违约金或预缴费用，并出具收费凭证。当日收费结束后，核对所收款项，统计生成各类坐收资金的实收报表，将资金进账到指定的电费收入账户，清点相关票据并及时交接。

2. 走收

由收费员上门收取。收费人员携带打印好的电费发票到客户现场或设置的收费点手工收取电费，收费结束后，核对所收款项，存入银行，并将相关票据及时交接。

开展走收电费工作时，应注意以下事项：

（1）电费收取应做到日清月结，并编制实收电费日报表、日累计表、月报表，不得将未收到的电费计入电费实收。

（2）按收费片固定上门收费时间需要调整的应提前通知客户。

（3）开展走收的单位应事先明确每个走收人员负责的客户范围。走收电费应收清单和发票打印、实收销账等工作应由专人负责，并与走收人员核对确认，保障对走收工作质量的有效监督。

（4）收费人员在预定的返回日期内应及时交接现金解款回单、票据进账单、已收费发票存根、未收费发票等凭据，及时进行销账处理。

3. 代扣

代扣是指客户与供电企业或银行签订委托自动扣划电费的协议，银行按期从供电企业获取客户待缴电费信息，从客户账户扣款，并将扣款结果返回给供电企业的一种销账收费方式。

4. 代收

代收是指金融机构和非金融机构代为收取电费的一种收费方式。目前有两种模式：一种是代收机构通过与本地管理单位的收费系统进行联网收费，实时进行电费销账；另一种是代收机构与本地管理单位的收费系统不联网。目前最常用的是供电企业与代收机构间中间业务平台联网，实现实时联网收取电费的联网方式。

5. 特约委托收费

特约委托收费也称托收，是指根据客户、银行签订的电费结算协议，管理单位委托开户银行从客户的银行账户上扣除电费的缴费方式。特约委托收费方式目前一般有电子托收和手工托收两种方式。托收包括同城托收和异地托收。

托收户应与供电企业签订电费结算合同。

电费结算合同，是供电企业与用户通过国家银行经转账结算方式，清算由于电能供应所发生的债权债务的一种契约书。电费结算合同应与用户分别签订，也可按用户的管理系统统一签订。

6. 充值卡缴费

充值卡缴费是指客户购买一定面值的充值卡后，通过电话、短信、网站、柜台等渠道，凭用户编号、充值卡卡号、密码缴纳电费的一种收费方式。

7. 卡表购电

卡表购电是指使用卡表的客户在营业网点或具备购电条件的银行网点购电，通过读写卡器将客户购买的电量或电费等信息写入电卡的缴费方式。

8. 负控购电

客户在营业网点购电，供电单位计算出电量或电费，通过电量采集控制业务传送电能采集系统，控制客户用电。

六、电费收取结算方式及规范要求

1. 柜台收费结算方式

（1）领取收费票据。柜台收费员领取空白收费票据，检查计算机、打印机运行是否正常，票据安装是否到位。未实行电费单据随机打印的营业单位，柜台收费员应先向电费账务管理员领取已批次打印的发票，按票据序号排列整齐，方便查找交费。

（2）收取电费。收取电费时，应问清客户名称，核对客户编号等信息，告知客户电费金额及收费明细，避免错收。收取现金时，应当面点清；收取支票时，应仔细检查票面金额、日期及印鉴等是否清晰正确；电费发票应加盖收费专章。

（3）收费盘点。当日收费完毕后，应对现金和支票进行清点，无误后填制缴款单。现金、支票必须当日全额进账，不得存放他处，严禁挪用电费。对银行进账回单、发票（收据）存根、未收电费发票、作废发票（收据）进行核对，编制实收电费报表。

（4）转交收费凭据。将实收电费报表及银行进账回单、发票存根等收费凭据转交电费账务管理员，履行签收手续。

2. 现场收费结算方式

（1）领取收费发票。收费员领取收费发票，办理领用手续。预先通知客户，按时上门走收。

（2）收取电费。收费员现场收费，对客户交付的现金、支票等应当面进行清点，注意支票上的日期、用途、大小写金额是否正确，印鉴是否清晰齐全。做好现场收费登记，记录客户名称、收费金额、种类（现金、支票）、收费时间、发票号等，请客户确认签字。对超期交纳电费的客户应收取电费违约金。当客户逾期不能交纳电费时，收费员应到现场填写催费通知单，并请客户在回执上签字。

（3）收费盘点。当日收费完毕后，收费员应对当日收费情况按实收、欠收进行清点，核对现金、支票和发票，无误后填制缴款单。现金、支票、银行汇票等必须当日全额进账，不得存放他处，严禁挪用电费。对银行进账回单、发票（收据）存根、未收电费发票、作废发票（收据）进行核对。将收费数据输入营销信息系统，编制收费日报表。

（4）转交收费凭据。将收费日报表及银行进账回单、发票存根等收费凭据转交电费账务管理员，履行签收手续。

3. 银行划拨电费结算方式

（1）用电客户、供电公司、银行三方签订电费联网划拨协议。

（2）领取空白电费发票。收费员领取空白电费发票，办理领用手续。

（3）划拨电费。

1）收费员打印电费发票，对划拨电费数据审核无误后，对联网划拨的电费信息进行处理，生成联网划拨数据信息，并在规定时间内将数据放到指定位置（供电企业前置机），以便联网银行提取。

2）联网银行提取电费划拨数据后，按规定从客户委托账户上进行电费划拨，并在规定时间内将划拨数据回馈到指定位置（供电企业前置机）。

3）客户账户金额不足时，银行应将其账户金额划到零，并将客户支付信息回馈给供电企业。收费员根据银行回馈的信息及时向客户发出催费通知，通知客户续存电费，补足差额。

4）因客户账户信息、收费系统等错误或故障，发生电费不能划拨时，及时下达工作单，进行更正处理。

5）对电费储蓄客户一般不开具电费发票，如客户需要发票，可到所属供电企业营业所的营业窗口补开，发票上应加注"电费储蓄"字样。

（4）实收入账。收费员在规定时间内接收银行（或邮政储蓄）传递电费划转数据，核对划转金额与客户实际电费是否相符，核对无误后，按户做电费实收处理，打印实收报表。对数据不符的客户进行标注，并与银行对账，查找原因予以更正。电费储蓄的对账、转账工作，使用微机处理的，应在两天内完成；采用手工操作的应在3天内完成。对银行无法划拨电费的客户，收费员领回票据后，在微机中做退票登记。

（5）转交收费凭据。将实收报表及银行进账回单、发票存根等收费凭据转交电费账务管理员，履行签收手续。

4. 银行实时代收结算方式

（1）与代收银行签订代收协议，明确银行与供电企业双方在电费代收工作中的责任。

（2）按发票管理规定及代收协议内容，及时向银行提供发票，按期收回发票存根（含作废发票），严格办理交接签章手续。

（3）电费数据审核无误后，按要求向联网银行提供客户实时电费信息（含违约金）。

（4）每日定时接收银行实收电费对账单，并在规定时限内完成对账工作。

5. 特约委托收费结算方式

（1）采用特约委托方式收费，应就特约银行转账结算电费方式与用电客户签订电费结算合同，或在《供用电合同》中明确。用电客户、供电公司、银行三方就转账签订三方协议。

（2）领取空白电费发票。收费员领取空白电费发票，办理领用手续。

（3）划拨电费。

1）收费员收到已审核完毕的电费信息后，对特约委托客户的电费数据进行处理，注意核对电费合同号、客户编号、开户银行及账号、应收电费等信息，形成特约委托数据，打印电费发票及特约委托凭证。

2）对特约委托凭证进行审核，审核无误后及时送交特约委托银行，办理交接手续。

3）银行通过特约委托凭证上的收费信息在特约委托账号里扣除相应金额，然后返回银行回单。

4）对银行无法划拨电费的客户，收费员领回票据后，在微机中做退票登记。

（4）实收入账。收费员核对银行回单金额、客户名称等信息，核对无误后，做电费实收处理，打印实收报表。

（5）转交收费凭据。将实收报表及银行进账回单、发票存根等收费凭据转交电费账务管理员，履行签收手续。

七、客户的缴费方式及缴费时间

1. 客户的缴费方式

随着电力使用的普及和金融事业的发展，当今客户缴费的方式方法有很多种，归纳起来，客户的缴费方式基本有现金缴款、票据结算、代收代扣、委托缴费、网缴费、电话缴费、客户自助缴费、储蓄缴费、预付费电能表缴费 9 种，客户可依据本身的特点与供电企业协商确定缴费方式。

（1）现金缴款。现金缴费是指用现金来交纳应缴电费，主要用于居民客户交纳的电费。

供电企业一般应不允许除居民客户以外的其他客户现金支付交纳电费。供电企业的收费人员接受的现金电费，一般要求在本工作日内，采用现金缴款的形式（填写《现金缴款单》），缴至企业的电费专用账户。供电企业以坐收的方式收取电费。

（2）票据结算。票据结算是指客户用各类票据（支票）来交纳电费，是目前最常见的一种支付方式。

供电企业的收费人员在接收客户的缴款票据后，首先应审查票据的有效性（如票据的规定印鉴是否完整、背书是否连续等）。收费人员在使用票据时，一定要认真、仔细按规范填写，并使用背书。对一般客户提交的结算票据，如有可能最好将支票直接缴至客户的开户行，以确认票据的有效性（防止客户余额不足等）。供电企业一般不得接受客户使用《承兑汇票》来结算电费，对经批准使用《承兑汇票》缴纳电费的客户，在缴费时也应要求客户同时支付"贴息"。对未经贴息的《承兑汇票》不得认为客户已缴纳电费。

（3）代收代扣。代收代扣是供电企业借助社会力量，来回收电费的一种收费形式。这种收费方式的使用，既提高了电费的回收效率，又方便了客户，特别是在电子货币结算日益普及的今天，这种结算形式更应被推广使用。

在实施代收代扣电费过程中，除要求慎重选择合作方外，对资金的划拨时间也应在双方的合作协议上进行明确规定。对合作方收缴的电费，一般要求直接存放在供电企业的电费专用账户中，禁止合作方对电费进行截留。

（4）委托缴费。此种方式主要是采用托收无承付的方式通过银行来实现缴费，该种方式主要用于企事业单位。银行根据收付双方签订的合同，收款单位委托银行收款时，不需经过付款单位承付，即可主动将款项划转收款单位的一种同城结算方式。

（5）网上缴费。此种缴费方式通过网上银行，客户可直接通过网络转账给供电企业，但是不能直接领取电费发票。

（6）电话缴费。此种方式是通过 95598 热线，直接把预存电费划转给供电企业，只需一个电话，就可以快捷缴费，同样不能直接领取电费发票，须到营业厅打印电费发票。

不论客户选择何种形式的方法缴费，供电企业的收费部门均应编制日缴费汇总清单，以缴费方式、责任人为单位汇总，送相应财务部门，以便财务能及时与用户对账，检查资金的实际到位情况。

（7）客户自助缴费。适用于非卡表客户和居民卡表客户利用银行卡和现金购电。

客户通过 POS 机、现金机或其他卡设备发送缴费信息，终端设备可以部署在任何居民方便使用的地方自助缴费，如营业厅、公共场所等。

此种交费不受时间、地点的限制，方便了客户的交费，有效解决了电力客户交费难的问题。

（8）储蓄缴费。为了方便客户交纳电费，保证收费的安全，提高现代化管理水平，开展通存通兑储蓄业务方式，方便客户就近储蓄，计算机划拨收缴电费。储蓄付费由客户自愿参加，当地银行根据电费管理部门所提供的客户电费结算信息，从客户账户中扣减电费划拨到供电企业的账户内。若客户不愿参加电费储蓄，则采取委托银行代收电费方式，可到指定的储蓄所交费后，取回电费收据，客户不需要到营业所交费。

（9）预付费电能表缴费。以 CPU 卡为传输介质，采用一表一卡、一表一密的管理模式，对客户实行先交费后用电。当客户剩余电量为零时，系统将自动切断客户用电。

当电能表中的剩余电量达到某一设定值时，电能表自动切断客户用电，从而实现对客户缴纳电费的控制作用，当客户持卡缴费购电，将购电量追加电能表中后，应能自动恢复客户用电。

2. 客户的缴费时间

缴费期限按合同约定执行，未签订缴费合同的，按照通知缴费日期执行，逾期不交或未交清者应该按有关规定加收电费违约金。同时，对于自逾期之日起计算超过 30 日，经催交仍未交付电费的客户供电企业可以依法按照有关规定停止供电，客户欠费需依法采取停电措施的，提前 7 天送达停电事故通知书。

任务二　电费业务处理

【教学目标】

知识目标：掌握电费业务处理的基本内容；熟知电费通知书的送达操作；掌握欠费管理；具有电费风险防范知识。

能力目标：具备电费违约金计算的能力及具备错收处理的基本能力。

【任务描述】

根据电费业务的基本内容掌握基本电费业务的处理。结合电费通知、欠费管理、违约金计算、电费风险防范及错收处理等具体业务知识，具备一定的电费业务处理能力。

【任务准备】

1. 电费通知单如何送达？
2. 如何对欠费进行管理？
3. 违约金如何计算？
4. 如何进行电费风险防范？
5. 错收处理的流程是怎样的？

【任务实施】

了解电费通知书的主要内容，并进行送达操作。按照欠费管理的相关规定，对客户欠费后的一系列工作进行处理。结合计算示例，对客户违约金进行计算，加强电费风险防范意识，采取有效措施进行防范。

【相关知识】

一、电费结算合同管理

（1）电费结算合同的内容。

1）客户名称、用电地址、用电分户账户号、开户银行名称、存款户账号，供电企业（即收款单位）名称、开户银行名称、存款户账号等。

2）电费结算方式。

3）每月转账次数。

4）付款要求等。

（2）电费结算方式。

1）同城托收指供电企业与托收户在同一城市的托收，其电费可以特约委托的方式通过银行进行转账结算，即收款单位给特约的银行开具委托收款单，向付款单位收取电费，但需经付款单位逐笔核对承认后，再由特约银行办理委托转账手续。

2）异地托收指供电企业与托收户不在同一城市的托收。常用的结算方式是采取在客户逐笔核对承认应付电费款后，由客户开具支票，委托银行按期电汇或信汇的方式进行电费结算。

(3) 每月转账次数。供电企业对一般客户均只在每月抄表后办理一次委托特约银行转账收款的手续。对大客户，为了互不占用资金，在结算合同中明确每月预收电费的转账次数（一般连同抄表后的结算，每月不超过 3 次；对特大客户，有的为 6 次），每月预收转账的日期和所预收的电费为上月实付电费的百分数，一般为 50%～90%，以使客户做好资金准备。

(4) 对付款要求。电费结算合同中对付款的要求一般按银行的有关规定，如委托收款的凭证到达银行后，因付款单位存款账户余额不足而延期转账时，则需由付款单位另交滞纳金等。

(5) 电费结算合同的管理。供电企业与客户签订电费结算协议后，应建立委托收款户卡片进行管理。卡片内容一般包括：客户户名（指付款单位在银行开户的户名）、开户银行及账号、联系电话、合同规定委托银行转账结算电费的户名（指客户的户名）、客户编号及用电地址、每月电费转账的日期记载，以及变更事项摘记等栏目。

二、电费通知书发送操作

一般由抄表人员直接送达，传统的抄表方式多数为工作人员直接挨门到户，读取用电计量装置显示的当期数据，计算出客户应当缴纳的电费数额。然后，根据既定格式，分别填入相关点数据，包括电费数额、缴费方式、地点、期限及逾期缴费的违约责任等，制作出完整准确的《电费缴费通知单》，并将其投入客户表计背箱或者信箱。可以说，传统的抄表方式决定了当前通知单的送达方式。抄表人员直接送达，经济方便，一举两得；但缺点是客户无法签署"送达回执"，收到与否较难保证，往往容易引发纠纷。如果客户坚持没有收到，供电企业将很难完成举证责任，这会给电费违约金的计收带来风险。

送达是供电企业履行合同的重要内容，不仅适用于《电费缴费通知单》，也适用于《欠费催费通知单》和《欠费停电通知单》等。供电企业应针对不同客户，具体问题具体对待，分别采用不同的送达方式。目前，多数应以抄表人员直接送达、邮局投递送达、电话自动报音送达和短信通知为主，其他方式作为补助。随着科技的发展进步和远程集抄系统的推广应用，送达方式也将不断地做出调整和完善。

三、欠费管理

1. 欠费户管理

欠费包括客户应交而未交的购货款及电力营业部门销售电能产品应收而未收的销售收入款。客户欠交电费不仅是拖欠的问题，重要的是占用了电力企业的资金，同时也挤占了国家的财政收入。因此，电力营业部门对客户的欠费应抓紧催交，加强管理。

坐收人员应对所有逾期未交的电费收据开列清单，待客户交款后以便随时划拨。每月终了通过周期结账与对账，将剩余的欠款收据开列成欠费清单，并与前月份的欠费汇总。欠费清单所列合计收据张数及金额应与电费收入明细账上的结欠电费数字相等。一定做到每月清理、核对一次，以防发生遗漏与差错。

对"老"欠费户，应分别建立欠费卡片，逐月登记欠交电费金额和催交费情况，以便全面掌握该户欠费情况。为防止破产企业陈欠电费的损失，可定期与客户进行债权与债务的清理核对，由客户对欠费债务认定，还可对客户欠费债权进行财产抵押。另外，还可通过法律手段对陈欠电费的债权进行保全诉讼执行和申请执行，或进行民事诉讼，请法院帮助清理债权。

2. 解决欠费的方法

解决客户欠费常采用以下几种方法：

（1）加强对电力法规和电力商品意识宣传的力度；

（2）主动向当地政府汇报客户欠费情况，积极取得政府及有关部门的理解和支持；

（3）组织人员加强催收，落实电费催缴责任制，建立催缴电费组织体系；

（4）完善电费催收手段，利用负荷管理系统督促客户按期交纳电费；

（5）与业扩报装相结合；

（6）请求主管部门协调解决；

（7）依法采取停、限电措施；

（8）依法起诉。

3. 客户拖欠电费停电程序

（1）应将停电的客户、原因、时间报本单位负责人批准；

（2）提前7天送达停电通知书，对重要客户的停电应将停电通知书报送同级电力管理部门；

（3）在停电前30min，将停电时间再通知客户一次，方可按规定时间实施停电。

停限电工作应由专人负责操作，安全措施一定要落实到位，除居民和一般小动力客户外，用电检查人员应到现场加以指导。

对欠费客户运用停限电手段的目的在于收回应收电费，在"限期催缴电费停限电通知书"发出后，尚未停电前，若客户已交清电费和欠交电费的违约金的，应立即报请原批准人核准后取消停限电指令。

采取停限电措施后，如客户已交清电费和欠交电费的违约金的，应立即报请原批准人核准后恢复客户用电。工作人员不得擅自决定是否恢复用电。

四、催缴电费

1. 欠费催收、停电、复电工作流程

催收电费是为保证当月电费100%回收的必不可少的措施。凡未按期缴纳电费的用电客户，供电公司营业部门应及时组织人员进行催收。对无理拖欠电费的客户，若通过催收无效者，可按规定予以停止供电。电费管理部门应对欠费情况进行统计分析，制定出切实可行的催收欠费的措施，逐渐缩小欠费额度。客户欠费催收、停电、复电工作流程图如图4-1所示。

2. 催缴电费注意事项

电费回收的依据主要是《中华人民共和国电力法》《电力供应与使用条例》和《供电营业规则》。

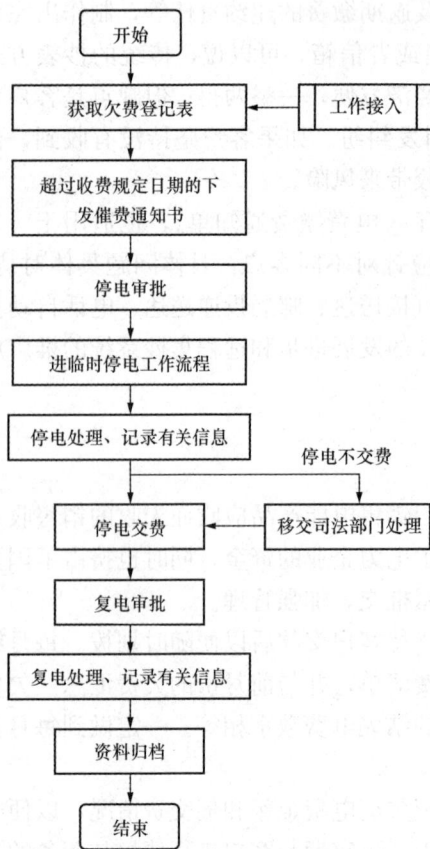

图4-1 客户欠费催收、停电、复电工作流程图

因此，在催缴电费时应注意合理使用和利用相关的法律法规，而且应注意以下事项：

（1）催费人员应做好电费回收的宣传规则，必要时与财政、工商、银行、新闻、工会等部门进行沟通与协调，协商强化清欠的措施，建立电费回收预警机制，及时通报恶意欠费、重点欠费情形，切实利用电力营销技术支持系统，加大清缴陈欠、防止新欠的力度，确保电费及时回收。

（2）建立信息沟通渠道，利用电力营销技术支持系统及时收集掌握欠费人生产经营、资金回笼、资产出售和改组改制及税收状况动态等信息，防止恶意欠费时间的发生。

（3）明确催费职责，实行催费考核责任制。各级供电公司可依据本单位的实际情况，确定相应的考核标准，重点做好当月应收电费、新欠电费、陈欠电费等指标的考评工作。

（4）正确使用催费手段和方法，催费同时应及时与客户沟通，确保100％回收电费。

五、电费违约金

客户在供电企业规定的期限内未交清电费时，应承担违约责任。供电企业应从逾期之日起，按规定向用户收取电费违约金。

1. 收取电费违约金的依据

根据《电力供应与使用条例》第四章第二十七条，供电企业应当按照国家核准的电价和用电计量装置的记录，向客户计收电费。客户应当按照国家批准的电价，并按照规定的期限、方式或者合同约定的办法，交付电费。逾期未交付电费的，供电企业可以从逾期之日起每日按照电费总额的1‰～3‰加收违约金。

根据《供电营业规则》，电费违约金从逾期之日起计算至交纳日止。每日电费违约金按下列规定计算：

（1）居民客户每日按欠费总额的1‰计算。

（2）其他客户：

1）当年欠费部分，每日按欠费总额的2‰计算。

2）跨年度欠费部分，每日按欠费总额的3‰计算。

（3）电费违约金收取总额按日累加计收，总额不足1元按1元收取。

2. 电费违约金的计算举例

例 4-1 某工业电力客户2000年12月的电费为2000元，2001年1月的电费为3000元。该客户2001年1月18日才到供电企业交纳以上电费，试求该客户2001年1月应交纳电费违约金多少元？（假设约定的缴费日期为每月10～15日）

解 由于该客户不属居民用户，根据《供电营业规则》应按年度分别进行电费违约金计算。

（1）当年欠费部分违约金为

$$3000 \times (18-15) \times 2‰ = 18(元)$$

（2）12月欠费部分违约金为

$$2000 \times 18 \times 3‰ = 108(元)$$

$$2000 \times (31-15) \times 2‰ = 32 (元)$$

（3）合计应交纳电费违约金为

$$18+108+32=158 (元)$$

答 该客户应交纳电费违约金158元。

六、电费风险防范

1. 做好电费风险防范工作

为了确保客户电费按时回收和及时到账，从内部管理上，要提高电费回收风险防范意识，完善抄、核、收管理考核制度。在日常实际工作中，根据各个操作环节有可能出现的风险漏洞，制定出防范的管理办法和操作措施。

（1）建立健全电费回收台账的记录工作。

（2）做好实施欠费停限电措施的准备工作。

（3）为确保客户欠费在法律规定时限的有效性，对客户欠费进行确认操作。

（4）积极回收"账销案存"电费。

（5）改善供电企业的内部管理，落实电费回收责任。

（6）加大宣传力度，提供优质服务。

（7）运用法律手段化解电费风险。

（8）加强沟通，取得地方政府的支持。

（9）引入信用管理机制，建立电费风险防范预警机制。

2. 做好电费风险事前预防管理

在新客户申请用电前，对其交费时限、预交金额及结算时限等交费情况，进行协议约定。同时，对日常电费回收管理工作过程要制定一个完善的防范性操作制度。这既是电费回收事前预防、前移风险防范关口，也是事中防范、构筑风险控制屏障的有效办法。

3. 做好电费风险防范的催费策略

在电费回收工作中，应充分利用法律所赋予的权利，做好电费催收工作。同时，要注意把握回收电费的措施和技巧，千方百计回收电费。

（1）电费回收人员应不厌其烦地上门催费，耐心细致地向客户宣传电费回收政策。

（2）多方位掌握客户的生产动态、资金流向，但应注意为客户保密。

（3）想客户所想，帮助客户解决用电的难题，为客户的降损节电出谋划策，合理降低客户用电成本。

（4）要充分运用各方面公共关系催缴电费。特别是要争取政府和客户主管部门的支持，经常汇报欠费情况，争取主动，避免说情等。

（5）对濒临倒闭的企业要防止资产转移，正确应用好质押、依法起诉或申请仲裁。

（6）采用技术手段催费，对信誉度不高的企业要采取装设预付费点卡表、负荷管理控制系统等有效技术措施进行催费。

（7）严格执行电费违约金制度及欠费停限电制度。

4. 防范电费风险的技术手段

对于新装、增容及其他电费回收风险较大的用电客户，优先采用安装各类付费售电装置等技术手段防范电费风险。确因安全等因素无法安装各类付费装置的用电客户，按照以下原则执行：

（1）对于新装、增容的用电客户，在送电前必须按本次新增设备计算月电费总额一次性付费，即电费＝报装设备容量×设备利用率×720h×分类电价＋报装设备容量×容量基本电价

（2）对于临时用电、季节性用电和非产权及承包性经营的用电客户，应实行期初一次性付费。临时用电、季节性用电终止时按《供电营业规则》有关规定多退少补。

（3）对于交费信誉度低和在国家宏观调控政策内，电费回收风险较大的客户，应实行一次性期初足额付费。

5. 运用法律手段化解电费风险

（1）增强法律意识，强化客户法制管理理念，逐步完善《供用电合同》，以法律的形式将客户缴纳电费的时间、付款方式规范化；要与客户签订电费协议，以书面形式明确客户缴纳电费的违约责任。供用电合同和电费回收协议应充分考虑客户欠费后，供电企业对其进行处罚所产生的各种影响，要做到尽可能地全面、完备。

（2）对一些恶意欠费的客户，要果断采取法律诉讼的手段，确保企业利益不受损害。

七、错收退费

1. 错收退费工作流程

错收退费在解款前由收费员当日进行冲正处理，在解款后由收费员当日提出申请，经分级审批后退费。错收退费工作流程如图4-2所示。

2. 错收退费工作内容

（1）退费受理。根据客户缴费凭证受理客户退费。

（2）收费员提出退费申请，应说明退费项目、金额，错收原因。

（3）根据金额分级审批。

（4）核实客户身份。

（5）交付客户退款凭证。

（6）财务退费。财务部门根据客户的退款凭证支付现金或支票给客户，并收回客户签字确认的退款凭证。

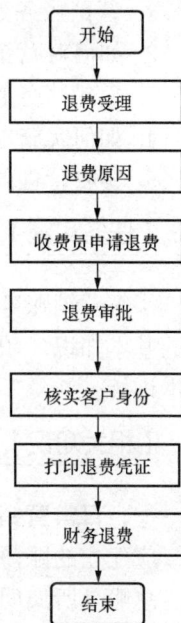

图4-2 错收退费
工作流程图

任务三 营销账务处理

【教学目标】

知识目标：掌握营销账务处理的基本知识；熟知日常营销销账务处理、期末账务处理、票据管理、科目及凭证管理的相关内容。

能力目标：具备营销账务处理的基本能力。

【任务描述】

掌握营销账务处理的基本知识。学习应收管理、预收管理、实收管理、电费实收日报表审核和分析、电费发票管理、科目及凭证管理、呆坏账管理、账目统计、对账管理等方面的知识，初步能够进行营销账务的简单处理。

1. 营销账务处理有何重要性？
2. 如何对营销账务进行管理？
3. 营销账务管理包括哪些内容？
4. 如何实施电费发票管理？
5. 实收管理的内容有哪些？

【任务实施】

　　了解营销账务处理的有关内容，按照实收日报的相关内容，填制实收日报。熟悉票据管理的基本知识，领会电费发票的购领、使用和保管。结合科目及凭证管理，完成账务处理的基本训练。

【相关知识】

一、日常营销账务管理

　　应建立的账簿一般有总分类账、明细分类账、日记账几种。

　　总账是所属明细分类账资料的综合反映，能提供本单位经济活动的总括资料，其账户是按一级会计科目开设的，以人民币作为记账本位币，一般要求采用"三栏式"订本式账本。总分类账户按科目汇总表逐笔登记。

　　明细分类账是详细反映经济业务增减变化的账簿，按照有关总分类账科目的明细科目或项目设置，明细分类账是总分类账户的明细记录，一般采用活页式账本，以人民币作为记账本位币，是按记账凭证逐笔登记。明细分类账户根据需要可以分设二级明细账户、三级明细账户，甚至四级明细账户。

　　日记账是按照现金和银行存款科目设置并按经济业务发生的时间先后顺序逐日逐笔进行登记，并在每日终了结出余额。

　　营销账务管理主要进行营销账务处理，根据不同业务，编制相应的会计分录记录明细账和总账；跟踪每笔资金的到账情况，进行到账登记，并和银行对账；生成汇总表、科目平衡表等报表；进行账龄统计，呆坏账管理。营销账务管理还包括各类发票收据的管理。

　　日常营销账务处理主要涉及以下几方面内容。

　　1. 应收管理

　　审核应收日报、应收月报，并制作应收凭证。通过编制科目平衡表，核对科目平衡表与应收报表之间的平衡关系。

　　2. 预收管理

　　监控预收款的收取及冲抵，制作审核各类预收款冲抵报表及凭证。

　　3. 实收管理

　　审核相关岗位转来的收费交接报表及相关的附件。制作审核各类实收报表，并向财务部门报送内部凭证、实收报表。下面就实收日报的基本内容做进一步描述。

　　（1）电费实收日报表基本内容。实收电费总日报表填写的主要内容有电费、代收资金、加价和地方附加费的金额、电费发票的份数及银行进账的回单份数。此表是在上门走收、定点坐收、银行代收和营业厅台收的日报审核无误后，每日汇总填制的。

（2）电费实收日报表审核和分析。审核内容如下：

1）审核实收电费存根和银行进账单（回单）及收费日志记载的全部金额是否相符。

2）复核实收电费发票上各项电费金额与实收日报的内容是否相符。

3）复核违约电费的应收计算、实收金额、发票份数及与实收日志是否相符。

4）复核未收电费发票份数、金额与实收日志上反映的份数与金额的总和是否与发行数一致。

电费账务管理人员对复核中发现的疑问，应当面向收费人员提出，对完成复核的收费日志，应按规定进行签收。

二、票据管理

1. 票据管理的定义

票据管理主要指对电费普通发票、增值税发票、托收凭证、收款收据等各类票据的保管、领用、核销管理。

2. 电费发票管理

发票是指在购销商品、提供或服务及从事其他经营活动中，开具、收取的收付款凭证。根据目前实际，现在供电企业使用的发票主要有居民、普通和增值税发票。

增值税专用发票只限于一般纳税人使用，增值税小规模纳税人和非增值税纳税人不得使用。

（1）电费发票的开具要求。对增值税发票的使用管理，除应遵循普通管理的一般规定外，还必须特别注意以下几个问题。

1）对客户开具增值税发票前，应对客户进行资格审查。资格审查一般要求客户提供营业执照、税务登记证（带一般纳税人标志）及其他相关开票资料。在资料审查时，应特别检查客户用电地址与营业执照所注地址的一致性，防止客户虚开发票。

2）为强化管理，增值税发票一般要求以县级供电企业为单位进行统一管理、集中打印。

3）应尽量避免对使用增值税发票的客户退还电费。如必须退款，而客户原发票已抵扣时，应请客户到当地主管国家税务机关开具的进货退出或索取折让证明单送交供电方，作为供电企业开具红字专用发票的合法依据。供电企业在未收到证明以前，不得开具红字专用发票；收到证明单后，供电企业可根据退电费的数量（差价）向客户开具红字专用发票。

4）除国家税务机关特别同意的，增值税发票严禁拆本使用。

5）对客户的临时基本建设，一般不允许开具增值税发票，各地供电企业应至当地主管税务机关进行统一界定。

（2）电费发票的购领、使用和保管。

1）电费发票的购领。电费管理部门在订购发票时，应根据发票的实际使用情况来进行。发票的使用期限有一定的规律性，在实际操作时可以采用先多后少的方法，分别分批订购。

供电企业的电费发票应设专人保管。普通电费发票一般由电费收费人员根据需要，直接向电费账户管理人员领用。采用银行联网的供电企业，若约定银行方需代为开具正式发票的，其发票应以银行为单位到供电企业进行领用。

2）电费发票的使用。电力客户正常使用电力，其电费支出应该是不属于其产品的增值部分，只要电力客户属于一般纳税人，供电企业就应该给予开具电费增值税发票，使其能够用于抵扣。

3）电费发票的保管。对作废发票，在加盖"作废"印章后，应按规定退还领用部门。发票使用人应建立发票使用台账（可记入电费实收日志），并随发票存根退电费账务管理人员。

电费账务管理人员在接受领用人退回的发票时，应对发票使用情况进行核查，并及时在《电费发票领用本》上注销，对长期未用的发票应及时查明原因，并酌情处理。

供电企业对退回的发票存根（包括作废发票）应集中管理，并按规定程序进行销毁（或上缴）。

对使用中不慎遗失的发票，应根据税务机关的相关规定办理注销手续。

（3）计算机打印发票的标准和要求。使用电子计算机开具发票，必须使用税务机关统一监制的机开发票，开具后的存根联应按照顺序号装订成册并妥善保管。

电费账务管理人员对发放的发票应在专门的《电费发票领用本》上登记，并请领用人签名。为便于发票的使用管理，以使用人为单位一次性领用发票数量不宜太多（一般最多考虑1个月的用量），并应将使用后的发票存根及时退回。

收费人员必须严格按规定使用发票，对规定的"机开发票"严禁使用手工填写。

三、科目及凭证管理

1. 科目管理

根据财务要求，确定营销内部的电费相关会计科目，并在营销业务应用系统内设置和维护。

2. 记账凭证管理

实现凭证制作、审核、记账。凭证类型包括收款、付款、转账凭证。

四、期末账务处理

1. 对账管理

为了掌握银行存款的实际余额，防止记账差错，应根据银行提供的对账单核对账目，以保证银行存款的安全和完整，获得银行提供的对账单；确定银行日记账与银行提供的对账单的关联关系；根据对账单结果形成银行余额调节表。

2. 账目统计

根据记账凭证/会计分录，形成分录汇总凭证，提供财务记账。根据明细账，形成科目余额表，提供财务对账。

3. 账龄统计

按部门、欠费额的正负、欠费时间等进行分类，对用户欠费进行统计，用于对用户账龄进行分析，作为财务计提准备的主要依据。

4. 呆坏账管理

规范和加强呆坏账的管理，对坏账核销实行流程化管理，包括申请、审批、核销。核销后的坏账，作为账销案存资产管理，需要跟踪并积极争取收回。对回收的坏账，应及时入账。

五、电费账务管理

1. 结账与对账

（1）各种账簿应及时结账，结账前，必须将本期内发生的各项经济业务全部登记入账。

总分类账、明细分类账按月结账，日记账按日结账。

（2）各种账簿应按期对账。账簿记录应与有关的原始凭证和记账凭证相核对，做到账证相符；各种账簿之间有关数字相核对，做到账账相符。银行存款日记账应及时与银行对账单核对相符，对未达账项，月末应编制银行存款余额调节表，并每月与银行核对一次。

2. 清理、核对电费收入明细账

电费收入明细账的清理与核对，是电能销售收入账务管理的重点工作，是监督和保证电力销售收入全部正确回收的重要措施。电费收入明细账的清理与核对，要求做到以下几点：

（1）应收电费减注销电费后，与统计报表中的应收电费数相符。

（2）实收电费与统计报表中的实收电费数应一致，加未收电费后与应收电费数相等。

（3）未收电费数与欠费清单及结存未收电费收据的电费数应相等。

（4）实收电费及各项业务收入之和，应与银行对账单（除上期结转余额外）及库存现金（除备用金外）相加的数字吻合。

3. 审查违约金收取

在营业电费账务管理人员建立的违约金明细账的基础上，财务人员应具体核对其收取的正确性和合理性，并负责检查减免的违约金是否符合规定的程序等。

【项目总结】

本项目介绍了电费收取的相关内容，通过三个任务，有重点地学习了电费的收取、电费业务处理和营销账务处理。通过要点归纳、图表展示、计算示例和流程介绍，掌握电费收取的相关知识，理解电费回收的重要意义，围绕电费收取的工作内容及流程，熟悉电费收取的常见方式，电费结算的方式及标准要求，了解客户缴费的时间和方式。了解电费通知书的主要内容，并进行送达操作。按照欠费管理的相关规定，对客户欠费后的一系列工作进行处理。结合计算示例，对客户违约金进行计算，加强电费风险防范意识，采取有效措施进行防范。学习应收管理、预收管理、实收管理、电费实收日报表审核和分析、电费发票管理、科目及凭证管理、呆坏账管理、账目统计、对账管理等方面的知识，基本能够进行营销账务的简单处理。

复 习 思 考

4-1　电费收取工作有何重要性？

4-2　电费收取的工作内容有哪些？

4-3　电费收取的常见方式有哪些？

4-4　如何进行电费结算？

4-5　客户缴费的方式有哪些？

4-6　电费缴费渠道有哪些？

4-7　电费通知单如何送达？

4-8　如何对欠费进行管理？

4-9　违约金如何计算？

4-10　如何进行电费风险防范？

4-11 错收处理的流程是怎样的？

4-12 营销账务处理有何重要性？

4-13 如何对营销账务进行管理？

4-14 营销账务管理包括哪些内容？

4-15 如何实施电费发票管理？

4-16 实收管理的内容有哪些？

4-17 什么是科目及凭证管理？

4-18 什么是呆坏账管理？

4-19 什么是账目统计？

4-20 什么是对账管理？

学习情境五

电能销售统计与分析

【项目描述】

本项目重点学习电能销售统计与分析的方法，内容包括电能销售的统计、电能销售工作质量的统计与分析、电力销售状况分析、电价分析。

【教学目标】

知识目标：掌握电能销售统计分析的基本方法；了解日常统计分析的工作内容。

能力目标：会电量、电费统计；电价分析及电力销售状况分析。

【教学环境】

教材、黑板、多媒体教学设备、计算器。

任务一 电能销售统计

【教学目标】

知识目标：掌握销售统计与分析的方法、电能销售工作质量的统计与分析的基本方法；"三率"的含义和计算方法，"三率"统计分析的作用。

能力目标：根据工作任务编制统计报表完成电量、电费统计；能完成"三率"统计与分析，制定"三率"的改进措施。

【任务描述】

根据电能销售情况，制作销售电量分类统计表、电费回收情况统计表、行业用电分类统计表，计算"三率"。

【任务准备】

1. 电能销售统计的内容是什么？
2. 电量、电费统计的作用是什么？
3. 根据统计需要怎样对客户进行统计分类？

4. 什么是划分行业用电分类的基本单位？行业用电分类的主要指标包括哪些？行业用电分类划分的原则是什么？应注意哪些问题？

5. 什么是"三率"？如何计算"三率"？

【任务实施】

明确统计的范围和目的、统计的分类方法，设计相应的统计表；根据"三率"计算公式进行计算，并对影响"三率"的原因进行分析。

【相关知识】

统计工作是通过调查研究，用大量的数字资料来综合说明事物的发展速度、发展水平及构成的比例关系。统计是通过一系列统计指标来说明事物特征的，它是通过对事物量的研究来认识事物的一种方法。

一、电能销售统计

电能销售统计是国家有关部门从电力各个部门定期取得电能销售统计资料的一种重要方式，是按照国家和上级机关统一规定的调查内容，自下而上地由基层供电企业逐级向上级提供统计资料的一种报告制度。主要研究对象是电力企业的电量与销售收入，即电费。目的是通过社会各行各业的大量用电现象和电力企业销售收入的量变过程，研究国民经济与电力生产的增长情况，电力企业经营的经济成效的变化情况，反映出国家及各地区行业的电气化程度和发展趋势。

（一）电能销售统计的依据

电能销售统计一般是依据国家标准所制定的《国民经济行业用电分类》和电价类别进行。

1. 国民经济行业用电分类

（1）行业用电分类的总原则

1）意义。行业用电分类由于说明国民经济各行业用电情况和变化规律，以此反映国家电气化程度和发展趋势；分析研究国民经济增长与电力生产增长，社会产品增长与电力消耗量增长的相互关系，是编制国民经济计划和电力分配的依据。

2）制定原则。从我国实际情况出发划分各行业的界限，主要按照企业、事业单位、机关团体和个人从业人员所从事的生产或其他社会经济活动的性质的统一性分类。

3）划分的基本单位。企业、事业单位、国家机关和社会团体等各类组织机构，均以产业活动单位作为划分国民经济行业的基本单位。

4）主要指标。国民经济行业用电分类主要指标包括用电户数、客户用电设备容量、用电量。

客户户数：应以每一客户卡片和一个台账为一户。

客户用电设备容量：指各类客户（包括有自备电厂的各类客户）已装置的用电设备总容量。

用电量：国民经济各行业及城乡居民消费的电量。

（2）行业用电分类指标解释说明。

1）全社会用电总计。指全社会在报告期内对电力的全部消费总量，它包括国民经济各行业消费和城乡居民生活消费。

2）全行业用电合计。指国民经济各行业对电力的消费称为行业用电分类，它是对客户用电进行行业划分。

3）城乡居民生活用电合计。指城镇居民和农村居民家庭照明、家用电器等生活用电。

例 5-1　2010 年某地区供电企业年销售电量为 60 亿 kWh，企业自发用电量为 25 亿 kWh，发电厂直供电大客户用电量为 13 亿 kWh，则社会用电量总计为 98 亿 kWh。

该地区第一产业用电量为 15 亿 kWh、第二产业用电量为 58 亿 kWh、第三产业用电量为 8 亿 kWh，则全行业用电量合计为 81 亿 kWh。该地区城镇居民生活用电量为 10 亿 kWh、乡村居民生活用电量为 7 亿 kWh，则城乡居民生活用电量合计为 17 亿 kWh。

2. 国民经济行业用电划分

《国民经济行业分类与代码》（GB/T 4754）自 1984 年首次制定，1994 年第一次修订实施，1999 年经原国家质量技术监督局同意，国家统计局正式立项，开始了对《国民经济行业分类与代码》（GB/T 4754—1994）的修订工作。现行《国民经济行业分类》国家标准（GB/T 4754—2002）于 2002 年 5 月 10 日经国家标准化管理委员会批准，在 2002 年统计年报中正式开始实施。为做好电力行业统计工作与新的《国民经济行业分类》（GB/T 4754—2002）和《三次产业划分规定》（国统字〔2003〕14 号）的有效衔接，准确反映我国现阶段经济活动的用电状况，对《国民经济行业用电分类》进行调整，中国电力企业联合会按照新的《国民经济行业用电分类》制定"全社会行业用电分类报表"，并列入 2005 年度《全国电力工业统计报表制度》一并向国家统计局申报，自 2005 年 1 月 1 日起在全国正式实施。新的行业分类分为八个类别，共有行业门类 20 个，行业大类 95 个，行业中类 396 个，行业小类 913 个，具体包括：

（1）农、林、牧、渔业。

（2）工业。

（3）建筑业。

（4）交通运输、仓储和邮政业。

（5）信息传输、计算机服务和软件业。

（6）商业、住宿和餐饮业。

（7）金融、房地产、商务及居民服务业。

（8）公共事业及管理组织。

具体划分及标准代码见表 5-1。

表 5-1　　　　　　　　　　**国民经济行业门类划分**

行业代码（门类）	类别名称	行业代码（门类）	类别名称
A	农、林、牧、渔业	F	交通运输、仓储和邮政业
B	采矿业	G	信息传输、计算机服务和软件业
C	制造业	H	批发和零售业
D	电力、燃气及水的生产和供应业	I	住宿和餐饮业
E	建筑业	J	金融业

行业代码（门类）	类别名称	行业代码（门类）	类别名称
K	房地产业	P	教育
L	租赁和商务服务业	Q	卫生、社会保障和社会福利业
M	科学研究、技术服务和地质勘查业	R	文化、体育和娱乐业
N	水利、环境和公共设施管理业	S	公共管理和社会组织
O	居民服务和其他服务业	T	国际组织

（二）电能销售统计的基本方法

电能销售统计的基础工作是将所有客户按照国民经济行业用电分类、电价分类的划分标准正确地划分类型，并对其注明划分标志进行各项统计指标的汇总。

1. 电能销售统计中常用的综合指标

（1）总量指标。总量指标是反映社会经济现象总规模和总水平的综合指标。电能销售统计工作应提供全社会各行业及人民生活用电的总量指标。总量指标是最常用的基本指标，是相对数和平均数的基础。总量指标是一定的销售电量与销售收入的具体表现，计算时必须用一定的计量单位。在电能销售统计中所用的计量单位有实物指标，如计算用电单位用的客户个数、月末用电设备容量的千瓦数及用电量千瓦小时数等。

（2）相对数。为便于对各行业用电现象进行比较，采用相对数。相对数是两个有关联的指标对比，是反映现象之间数量上的联系程度和对比关系的综合指标。其数值表现为相对数，一般用无名数表现，如系数、百分数等。在电能销售统计中，应用最广泛的是百分数，其计算公式为

$$售电计划完成率＝实际售电量÷计划售电量×100\%$$

（3）平均数。平均数是反映总体各单位某一数量标志一般水平的综合指标，其数值表现为平均数。平均数把总体单位之间标志值的差异抽象化，成为表明总体数量特征的一个代表值，可以反映总体单位标志值分布的集中趋势，如某省在某一时间段的平均售电单价等。研究全省及各地、市平均电价现状及其差异变化，就必须采用平均数。

2. 各项指标的统计与分析

供电营业管理部门进行的有关指标的统计，在一定程度上能够反映国民经济的动态。因此，电费管理人员必须对电力客户进行正确分类，并利用计算机技术准确及时地统计客户的用电负荷及电量资料，对各类用电情况和变化规律进行分析，为编制国家经济计划和进行电力分配、电力规划提供科学依据。为了准确及时完成日常统计分析工作，电费管理部门应建立以下资料：

（1）历年各行业用电量的增减情况和逐月变化规律。

（2）历年各行业用电结构的变化情况。

（3）历年各行业售电单价和地区总售电单价的变化趋势。

（4）100kVA及以上电力客户历年功率因数变化情况。

（5）历年电费回收情况。

（6）历年电力客户增减变动情况。

3. 营业统计工作流程

营业统计工作流程如图 5-1 所示。

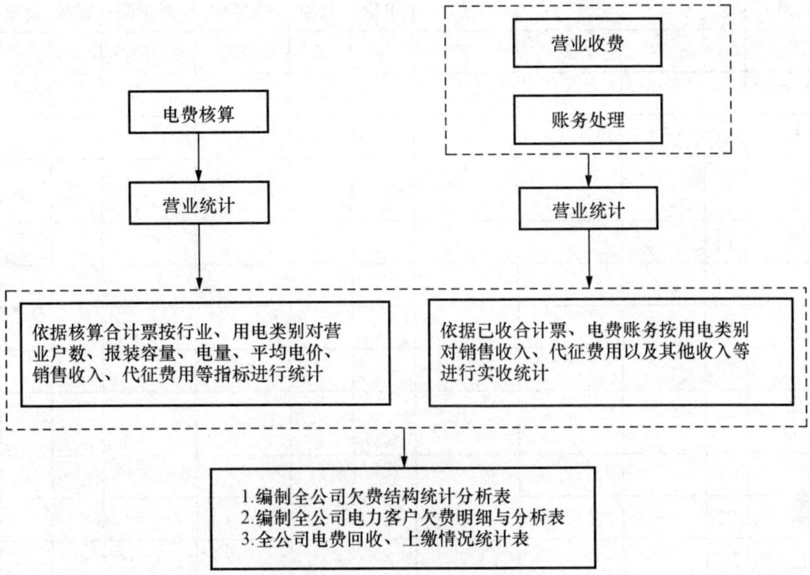

图 5-1 营业统计工作流程

（三）销售电量、电费统计报表示例

1. 销售收入明细表（见表 5-2）

表 5-2 目录口径销售收入明细表

填报单位（盖章） 年 月 单位：电量—kWh；金额—元；单价—元/MWh；容量—MVA；需量—MW

售 电 分 类	行次	售电量	售电单价	售电收入	电度电费		功率因数调整电费		基本电费			
					单价	金额	增加额	减少额	容量	金额	最大需量	金额
		1	2	3	4	5	6	7	8	9	10	11
一、大工业用电	1											
1. 优待用电	2											
（1）电石、烧碱、黄磷、合成氨	3											
1～10kV	4											
35～110kV 以下	5											
110kV 及以上	6											
（2）中、小化肥	7											
1～10kV	8											
35～110kV 以下	9											
110kV 及以上	10											
2. 除优待电价外的用电	11											
1～10kV	12											

续表

售电分类	行次	售电量	售电单价	售电收入	电度电费		功率因数调整电费		基本电费			
					单价	金额	增加额	减少额	容量	金额	最大需量	金额
		1	2	3	4	5	6	7	8	9	10	11
35～110kV以下	13											
110kV及以上	14											
二、非工业、普通工业用电	15											
1. 中、小化肥	16											
不满1kV	17											
1～10kV	18											
35kV及以上	19											
2. 除中、小化肥外的用电	20											
不满1kV	21											
1～10kV	22											
35kV及以上	23											

负责人：　　　　　　　　　制表人：　　　　　　　　　年　　月　　日

2. 电费回收情况统计表（见表5-3）

表5-3　　　　　　　　　　××供电局×年×月电费回收情况统计表

填报单位：（盖章）　　　　　　　　　　　　　　　　　　　　　　单位：万元

分类 ＼ 项目	期末累计欠费			本年度电费						本年度以前欠电费		
	合计	其中：		应收		实收		回收率（%）		上年结转欠电费	本年累计实收	回收率（%）
		本年度以前	本年度	本月	累计	本月	累计	本月	累计			
栏次	1	2	3	4	5	6	7	8	9	10	11	12
电费总额												
其中 一、目录电费												
二、电力建设基金												
三、三峡建设基金												
四、地方附加费												
五、其他												
备　注												

主管：　　　　　　　　填报人：　　　　　　　　填报时间：

二、工作质量的统计与分析

抄表核算收费工作是供电企业营业电费管理的中心环节，是电力企业经营成果的最终体现，抄表核算收费工作质量的好坏，直接影响到供电企业的经营效益和社会效益。抄表核算收费工作的"三率"是指实抄率、电费回收率、差错率，做好"三率"的统计和分析，可以提供电费管理质量水平，为企业分析决策提供依据。

1. "三率"的统计

(1) 实抄率的统计。计算公式为

实抄率＝（当期实抄户数÷当期应抄户数）×100％

按月统计时，当期数据取每月数据，称为月实抄率；按季、年度进行统计时，当期数据取的是对应时间段内的累计数据，称为累计实抄率。

(2) 电费回收率的统计。计算公式为

电费回收率＝（当期实收电费金额÷当期应收电费金额）×100％

按月统计时，当期数据取每月数据，称为月电费回收率；按季、年度进行统计时，当期数据取的是对应时间段内的累计数据，称为累计电费回收率。

(3) 电费差错率的统计。计算公式为

电费差错率＝（当期差错笔数÷当期核算笔数）×100％

按月统计时，当期数据取每月数据，称为月电费差错率；按季、年度进行统计时，当期数据取的是对应时间段内的累计数据，称为累计电费差错率。在实际工作中也可采用差错电费进行差错计算。

2. "三率"统计分析流程（见图5-2）

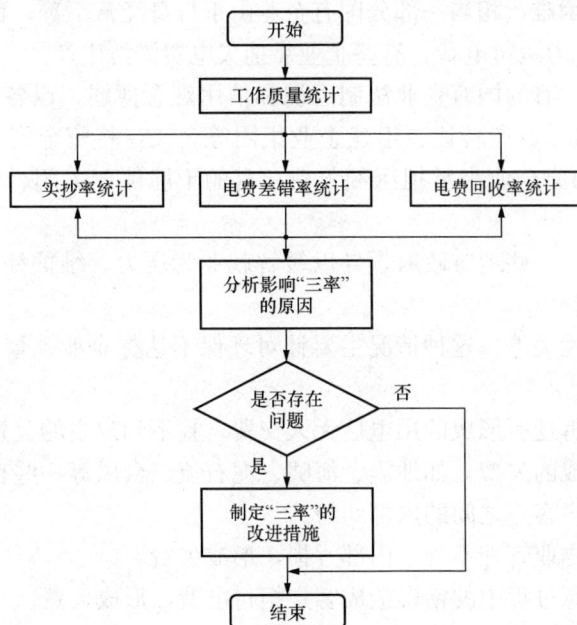

图5-2　"三率"统计分析流程图

3. 影响"三率"的原因分析

(1) 影响实抄率的原因分析。

1) 客户锁门是影响实抄率的主要原因。这种情况一般出现在计费表计安装在客户家中，抄表期内到客户处抄表时，客户锁门或不在家，抄表员将无法正常抄表，只能与客户联系，择日上门抄表或暂按上月电量估抄。

2) 抄表员抄表不到位也是影响实抄率的原因。在手工抄表方式下，抄表不到位是抄表人员在抄表周期内未按要求达到客户现场抄表。如对长期不用电的客户，容易被抄表员忽视，认为客户长期不用电就未按要求在每个抄表周期内到位抄表。

3）在自动抄表方式下，由于网络通信等原因，造成系统未将抄表数据传送到数据处理中心也是造成实抄率下降的原因。

（2）影响电费差错率的原因分析。影响电费差错率的因素归纳起来有以下几种：

1）抄表员错抄和估抄、核算员输错指示数等；

2）核算员线路损耗或变压器损耗电量计算差错、追补电量电费计算差错、对异常电量审核把关不严；

3）定量定比类别未核实或与现场用电负荷不相符；

4）业扩资料审核不严，造成漏计类别、力率调整执行标准和计费方式错误等；

5）政策性调整电价和追补电价差价计算错误；

6）当发生变更用电业务时，暂停时间的维护和基本电费的计算错误；

7）分时电表分时段电价和分时电量的扣减错误；

8）违约用电或窃电时，追补电量电费和违约使用电费计算错误。

（3）影响电费回收率的原因分析。要准确分析出影响电费回收率的因素，必须要了解形成电费欠费的原因。目前在电力客户中产生欠费的主要原因有：

1）企业生产经营困难。相当一部分国有企业由于自身经营不善，负债过多或严重亏损，企业资金周转困难，无力缴付电费，有些企业靠拖欠电费维持生产。

2）恶意逃避电费。有的国有企业法制意识和信用观念薄弱，以各种手段逃避电费。如借公司改制、兼并重组、资产转让、组建企业集团等名义，将资金资产转移到新的经济实体，由已经成为空壳的原企业来承担巨额欠费，有的干脆停产关闭、申请破产，企图不了了之。

3）地方行政干预。一些地方政府领导以缓解就业为压力，维护社会稳定为由，阻止或限制供电企业催收电费。

4）政府部门政策性关停。这种情况主要针对环保不达标企业、煤矿、化工等能源开采和生产企业。

5）城市整体规划拆迁所形成的用电后无人交费，找不到户主的欠费。

6）不可抗力所形成的欠费，如地震、海啸、泥石流、台风等一些自然灾害。

7）合表户造成合户客户之间的内部纠纷。

8）居民小区由于物业管理不善，内部亏损，形成欠费。

9）由于抄表和核算过程中的错误造成客户拒付电费，形成欠费。

10）政府部门电费由于受到政府结算中心资金划拨和银行间支票交换等中间流通环节的延期，制约电费资金的及时准确到账。

11）催费乏力。供电企业营销队伍素质较差，岗位设置不合理，制度考核不严，主观上对电力法宣传不足，依据电力法规催收电费的力度不够，办法不多。

例 5-2 某供电所，抄表总户数为 10 000 户，其中单月居民抄表客户为 1300 户，双月居民抄表客户为 1250 户，6 月抄表员现场抄表 8650 户，求 6 月该供电所的实抄率为多少？

解 实抄率＝（当期实抄户数÷当期应抄户数）×100%

＝8650÷（10 000－1300）×100%＝99.43%

任务二　电力销售状况分析

【教学目标】

知识目标：掌握售电均价、综合指数的基本概念和计算方法。

能力目标：会进行售电均价计算；会进行综合指数分析。

【任务描述】

根据分类销售统计计算供电企业售电均价。计算电量或电价变动时对销售收入产生的影响。

【任务准备】

1. 怎样计算售电均价？

2. 什么是综合指数？怎样进行综合指数计算？

【任务实施】

根据给定任务，按照售电均价计算方法计算售电均价；根据给定的报告期和基期售电量，合理选择综合指数，计算电价和电量变动对销售收入的影响。

【相关知识】

一、售电均价计算

1. 售电均价的概念

售电均价是全社会各类不同用电性质售电量收入之和除以全社会销售电量之和的商，是一个综合计算值，其涉及面广、内容多、计算量大，反映了一个时期社会经济现象。

2. 售电均价的组成与计算

（1）按执行不同类别电价的均价组成。

1）执行单一目录电价的客户电价等于目录电价，适用于居民生活用电。

2）执行峰谷电价的客户售电均价＝（平段电价×平段电量＋峰段单价×峰段电量＋谷段单价×谷段电量)/总电量，其中：总电量＝平段电量＋峰段电量＋谷段电量。适用于除居民家庭生活、农业排灌用电外的用电。

3）执行峰谷电价和力率调整电费的客户售电均价＝（平段电价×平段电量＋峰段单价×峰段电量＋谷段单价×谷段电量＋力率调整电费)/本期所用总电量，其中：总电量＝平段电量＋峰段电量＋谷段电量。适用于变压器容量在100kVA及以上的客户用电，农业排灌变压器不执行峰谷电价。

4）执行两部制电价的客户售电均价＝（平段电价×平段电量＋峰段单价×峰段电量＋谷段电价×谷段电量＋基本电价×计费容量＋力率调整电费)/本期所用总电量。其中：总电量＝平段电量＋峰段电量＋谷段电量。适用于变压器容量在315kVA及以上的所有大工业客户用电。

在一个营业区域内，其售电均价等于统计期总电力销售收入除以全口径售电量之和。统计期总电力销售收入＝∑平段电价电费＋∑峰段电价电费＋∑谷段电价电费＋∑基本电费＋∑力率调整增加电费＋∑力率调整减少电费。

（2）按不同的用电性质分类的均价组成。

1）大工业用电电费。

2）非工业、普通工业用电电费。

3）农业生产用电电费。

4）居民生活用电电费。

5）非居民照明用电电费。

6）商业、服务业用电电费。

7）趸售用电电费。

在一个营业区域统计期内售电均价＝（∑大工业用电电费＋∑非工业、普通工业用电电费＋∑农业生产用电电费＋∑居民生活用电电费＋∑非居民照明用电电费＋∑商业、服务业用电电费＋∑趸售用电电费）/∑不同的用电性质分类电量。

二、综合指数分析

综合指数用于对比的总量指标，一般可以分解为两个因素，将其中一个固定起来，就能反映另一个因素的变动。它可以反映数量指标（如销售电量）的变动，也可以反映质量指标（如销售电价）的变动。

（1）数量指标综合指数。现用符号 q 表示商品销售量；p 表示价格；qp 表示商品销售额；下标 0 表示基期；下标 1 表示报告期；k 表示总指数，见表 5-4。于是，商品销售量与商品价格两个综合指数，其计算式为

$$商品销售量综合指数 (k_q) = \sum q_i p_{j'} / \sum q_i p_j \qquad (i、j、i'、j'=0, 1)$$

从这个公式可以看出，计算总指数时必须采用一种假定，将同度量因素固定在同一时期。固定时期可以有不同的选择，选择使用不同时期（基期或报告期）的价格，将得到不同的结果，且有不同的经济内容。

例如，表 5-4 给出了售电量和分类均价的数量指标，选择不同时期的价格作为同度量因素进行计算分析。

表 5-4　　　　　　　　　　数量指标综合指数

用电类别	售电量（万 kWh）		售电分类均价（元/MWh）	
	基期 q_0	报告期 q_1	基期 p_0	报告期 p_1
大工业用电	270 000	320 000	264.50	283.60
非、普工业用电	53 000	56 000	336.90	350.50
农业生产用电	24 000	26 000	209.50	223.20
居民生活用电	28 000	31 000	315.30	345.20
非居民照明用电	11 000	11 700	433.40	480.70
商业、服务业用电	9000	11 000	414.00	557.30

当以报告期的价格 p_1 作为同度量因素，其公式和计算过程为

$$k_q = \sum q_1 p_1 / \sum q_0 p_1$$

$$= (320\,000 \times 283.60 + 56\,000 \times 350.50 + 26\,000 \times 223.20$$
$$+ 3100 \times 345.20 + 11\,700 \times 480.70 + 11\,000 \times 557.30)/$$
$$(270\,000 \times 283.60 + 53\,000 \times 350.50 + 24\,000 \times 223.20$$
$$+ 28\,000 \times 345.20 + 11\,000 \times 480.70 + 9000 \times 557.30)$$
$$= 115.08\%$$

$$\sum q_1 p_1 - \sum q_0 p_1 = 138\,638\,890 - 120\,474\,300 = 18\,164\,590 \text{（元）}$$

该指数表明，将同度量因素（价格）固定在报告期，电量销售额增长了 15.08%，由于电量销售增长而增加的销售收入为 1816.46 万元。

当用基期的价格 p_0 作为同度量因素，其公式和计算过程为

$$k_q = \sum q_1 p_0 / \sum q_0 p_0$$

$$= (32\,000 \times 246.50 + 56\,000 \times 336.90 + 26\,000 \times 209.50$$
$$+ 31\,000 \times 315.30 + 11\,700 \times 433.40 + 11\,000 \times 414.00)/$$
$$(27\,000 \times 264.50 + 53\,000 \times 336.90 + 24\,000 \times 209.50$$
$$+ 28\,000 \times 315.30 + 11\,000 \times 433.40 + 9000 \times 414.00)$$
$$= 114.99\%$$

$$\sum q_1 p_0 - \sum q_0 p_0 = 128\,352\,480 - 111\,620\,500 = 16\,731\,980 \text{（元）}$$

该指数表明，将同度量因素（价格）固定在基期，电量销售额增长了 14.99%，由于电量销售增长而增加的销售收入为 1673.2 万元。

这两个指数相比较，无论是产量增长的幅度，还是产值增长的绝对额都不相同，其原因是计算产量总指数是使用了不同时期的价格作为同度量因素。

在实际工作中，一般采用基期价格作同度量因素。因为编制电量销售指数的目的是要排除价格因素变动的影响，单纯反映销售量的总变动。把同度量因素（价格）固定在报告期，则包含了价格的变化在内。

（2）质量指标综合指数。由于电价分类较多，把它们的价格直接相加后进行综合对比没有经济意义。为解决这个问题，在编制指数时，引入销售量作为同度量因素，将不能直接相加的量同度量化。由

商品价格×商品销售量＝商品销售额

可知把不同商品的价格转化为销售额，就可以总加了。但商品销售额变动除了受价格变动影响之外，还受商品销售量变动的影响。

使用不同时期（基期或报告期）的销售量作为同度量因素，计算出来的物价指数会有不同的结果，也具有不同的经济意义。

用报告期销售量作为同度量因素，其公式和计算过程为

$$k_q = \sum p_1 q_1 / \sum p_0 q_1$$

$$= (283.6 \times 320\,000 + 350.5 \times 56\,000 + 223.2 \times 26\,000 + 345.2 \times 31\,000 + 480.70 \times$$
$$11\,700 + 557.30 \times 11\,000)/(264.5 \times 320\,000 + 336.9 \times 56\,000 + 209.5 \times 26\,000 +$$
$$315.3 \times 31\,000 + 433.4 \times 11\,700 + 414.0 \times 11\,000)$$

$$=108.01\%$$

$$\sum p_1 q_1 - \sum p_0 q_1 = 138\ 638\ 890 - 128\ 352\ 480 = 10\ 286\ 410\ （元）$$

该指数表明，将同度量因素（销售量）固定在报告期，该公司行业分类电量价格综合上涨的幅度为 8.0%，由于价格综合上涨而增加的销售收入为 1028.64 万元。

用基期的销售量作为同度量因素，其公式和计算过程为

$$k_q = \sum p_1 q_0 / \sum p_0 q_0$$

$$= (283.6 \times 270\ 000 + 350.5 \times 53\ 000 + 223.2 \times 24\ 000$$

$$+ 345.2 \times 28\ 000 + 480.7 \times 11\ 000 + 557.3 \times 9000)$$

$$/ (264.5 \times 270\ 000 + 336.9 \times 53\ 000 + 209.5 \times 24\ 000$$

$$+ 315.3 \times 28\ 000 + 433.4 \times 11000 + 414.0 \times 9000)$$

$$= 107.93\%$$

$$\sum p_1 q_0 - \sum p_0 q_0 = 120\ 474\ 300 - 111\ 620\ 500 = 8\ 853\ 800\ （元）$$

该指数表明，将同度量因素（销售量）固定在基期，行业分类电量价格综合上涨的幅度为 7.93%，由于价格综合上涨而增加的销售收入为 885.38 万元。

前一个物价指数是报告期销售的商品，由于价格变动带来的影响情况，后一个物价指数是假定用电量水平仍维持在基期，价格变动带来的影响情况。由于物价变化发生在报告期，国家、企业、居民因物价变动而得到的实惠或受到的损失，也同报告期购买量有关，而不可能同价格变动以前的任何一个时期的购买量有关。所以，用综合指数法编制物价总指数时应当以报告期的实际销售量作为同度量因素，才具有现实的经济意义。

【项目总结】 ──────────○

本项目介绍了电能销售统计与分析的相关内容。通过两个任务，有重点地学习了电能销售统计与电能销售状况分析。通过电能销售统计与分析基本知识的学习，掌握电能销售统计与分析的工作内容，熟知电能销售统计分析的基本方法，学习领会电价分析及电力销售状况分析。熟悉用电行业的分类，学习领会抄核收"三率"的指标应用，了解营业统计工作流程及工作质量的统计与分析。掌握电力销售状况分析的主要内容、售电均价的概念及计算方法、综合指数分析的方法。

复习思考

5-1　电能销售统计工作有何重要性？

5-2　电能销售统计的工作内容有哪些？

5-3　电能销售统计的基本方法有哪些？

5-4　如何进行抄核收"三率"的计算？

5-5　用电行业的分类有哪些？

5-6　什么是电力销售状况分析？

5-7　电力销售状况分析的主要内容有哪些？

5-8　电力销售状况分析方法有哪些？

5-9　如何进行电力销售状况分析？

5-10　如何进行电价分析？

5-11　总量指标、相对指标、平均指标有哪些？

5-12　售电均价的概念是什么？

5-13　售电均价的组成有哪些？

5-14　某供电营业所当月总抄表户数为1000户，电费总额为400 000元，经上级检查发现一户少抄电量5000kWh，一户多抄电量3000kWh，假设电价为0.4元/kWh，试求该供电营业所当月的抄表差错率为多少？

学习情境六

违约用电与窃电处理

【教学目标】

知识目标：掌握违约用电与窃电的定义、类型及处理规定；熟悉违约用电与窃电的处理方法及实例计算分析。

能力目标：会判断违约用电和窃电行为；能计算补交电费及违约使用电费。

态度目标：遵纪守法、廉洁奉公、依法处理。

【任务描述】

根据《中华人民共和国电力法》《电力供应与使用条例》《用电检查管理办法》等有关法律法规指导用户安全、合理用电；告知用户违约用电与窃电的类型及处理方法；对出现违约用电与窃电的行为能及时有效处理。

【任务准备】

国家及电力行业有关法律法规文本；供电企业《用电检查结果通知书》《违约用电与窃电通知书》；违约用电与窃电获取的证据资料；补交电费和违约使用电费票据资料。

【任务实施】

通过用户现场检查，确认用户是否有违约用电及窃电行为，掌握有关证据资料，获得用户签字认可，依据有关规定及违约用电与窃电处理方法进行处理，计算应补收电费及违约使用电费。

【相关知识】

违约用电与窃电查处是用电检查工作的一项重要内容。用电检查人员应依据《中华人民共和国电力法》《电力供应与使用条例》《用电检查管理办法》等相关法律、法规对违约用电及窃电行为进行查处，对危害供用电安全或扰乱供用电秩序的行为，应予以制止。

一、违约用电及处理

（一）违约用电

危害供用电安全、扰乱正常供用电秩序的行为，属于违约用电行为。违约用电行为有以下几种类型：

（1）在电价低的供电线路上，擅自接用电价高的用电设备或私自改变用电类别。

（2）私自超过合同约定的容量用电。

（3）擅自超过计划分配的用电指标。

（4）擅自使用已在供电企业办理暂停手续的电力设备或启用供电企业封存的电力设备。

（5）私自迁移、更动和擅自操作供电企业的用电计量装置、电力负荷管理装置、供电设施及约定由供电企业调度的客户受电设备。

（6）未经供电企业同意，擅自引入（供电）电源或将备用电源和其他电源私自并网。

（7）逾期未付电费。

以上几条全是违约用电（违章用电），即违背了供电合同的约定。

（二）违约用电处理规定

供电企业对查获的违约用电行为应及时予以制止。有下列违约用电行为者，应承担其相应的违约行为责任：

（1）在电价低的供电线路上，擅自接用电价高的用电设备或私自改变用电类别的。例如：在电价低的居民生活用电线路上接高电价的商业用电。对这种违约用电行为，应按实际使用日期补交其差额电费，并承担2倍差额电费的违约使用电费。使用起止日期难以确定的，实际使用时间按3个月计算。

（2）私自超过合同约定的容量用电的，属于私自增容行为，对这种违约行为，除应拆除私增容设备外，属于两部制电价的客户，应补交私增设备容量使用月数的基本电费，并承担3倍私增容量基本电费违约使用电费；其他客户应承担私增容量每千瓦（千伏安）50元的违约使用电费。如客户要求继续使用者，按新装增容办理手续。

（3）擅自超过计划分配的用电指标的，应承担高峰（时段）用电每次每千瓦1元和超用电量与现行电价电费5倍的违约使用电费。

（4）擅自使用已在供电企业办理暂停手续的电力设备或启用供电企业封存的电力设备的，应停用违约使用的设备。属于两部制电价的客户，应补交擅自使用或启用封存设备容量和使用月数的基本电费，并承担2倍补交基本电费违约使用电费；其他客户应承担擅自使用或启用封存设备容量每次每千瓦（千伏安）30元的违约使用电费。启用属于私自增容被封存的设备的，违约使用者还应承担本条2项规定的违约责任。

（5）私自迁移、更动和擅自操作供电企业的用电计量装置、电力负荷管理装置、供电设施及约定由供电企业调度的客户受理设备者，属于居民客户的，应承担每次500元的违约使用电费；属于其他客户的，应承担每次5000元的违约使用电费。

（6）未经供电企业同意，擅自引入（供电）电源或将备用电源和其他电源私自并网。除拆除接线外，应承担其引入（供电）电源或并网电源容量每千瓦（千伏安）500元的违约使用电费。

（7）拖欠电费，要交滞纳金。按规定交纳电费违约金。

（三）违约用电计算举例分析

例6-1　执行单一制电价用户，启用私自增容被供电公司查封的75kW机床被查，试问供电公司应收取的违约使用电费为多少？

解　根据《供电营业规则》，该用户的行为属私自增容并启用供电企业封存电力设备的违约用电行为，应作如下处理

违约使用电费＝75kW×30元/kW＋75kW×50元/kW

　　　　　　＝75kW×80元/kW

$$=6000 \text{ 元}$$

答　供电公司应收取的违约使用电费为6000元。

例6-2　某一居民用户，利用住宅办食杂店，没有到供电公司办理变更用电手续，开店时间无法追查，近3个月平均每月用电350kWh，供电公司应收取多少违约使用电费？（不满1kW商业电价为0.859元/kWh，居民生活用电为0.445元/kWh）

解　根据《供电营业规则》，该用户的行为属私自改变用电类别违约用电行为，应作如下处理

用户补交的差额电费$=350\text{kWh/月} \times 3 \text{ 个月} \times (0.859-0.445) \text{ 元/kWh}$

$$=1050\text{kWh} \times 0.414 \text{ 元/kWh}$$

$$=434.70 \text{ 元}$$

用户应交的违约使用电费$=434.70 \text{ 元} \times 2$

$$=869.40 \text{ 元}$$

答　供电公司应收取869.40元的违约使用电费。

二、窃电及处理

（一）窃电

窃电是指以非法占用电能为目的，不计量用电或者少计量用电的行为。窃电行为有以下几种类型：

（1）在供电企业的供电设施上擅自接线用电。

（2）绕越用电计量装置用电。

（3）伪造或者开启用电计量装置的法定封印用电。

（4）故意损坏用电计量装置用电。

（5）故意致使用电计量装置不准或者失效用电。

（6）安装窃电装置用电。

（7）采取其他方式窃电。

（二）窃电处理规定

（1）在供电企业的供电设施上，擅自接线用电的，所窃电量按私接设备额定容量（千伏安视同千瓦）乘以实际使用时间计算确定；以其他行为窃电的，所窃电量按计费电能表标定电流值（对装有限流器的，按限流器整定电流值）计算的容量（千伏安视同千瓦）乘以实际窃用的时间计算确定。窃电时间无法查明时，窃电日数至少以180天计算，电力客户每日窃电时间按12h计算；照明客户每日窃电时间按6h计算。

（2）因违约用电或窃电造成供电企业的供电设施损坏的，责任者必须承担供电设施的修复费用或进行赔偿。因违约用电或窃电导致他人财产、人身安全受到侵害的，受害人有权要求违约用电或窃电者停止侵害，赔偿损失。供电企业应予协助。

（3）供电企业对检举、查获窃电或违约用电的有关人员应给予奖励（奖励办法由省电网经营企业规定）。

（4）供电企业对查获的窃电者，应予制止，并可当场中止供电。窃电者应按所窃电量补交电费，并承担补交电费3倍的违约使用电费。拒绝承担窃电责任的，供电企业应报请电力管理部门依法处理。窃电数额较大或情节严重的，供电企业应提请司法机关追究刑事责任。

（三）窃电计算举例分析

例 6 - 3　客户张三，使用 40W 日光灯两个，40W 白织一个，25W 白炽灯一个，30W 电视机一台，700W 电饭锅一个，分流用电，被用电检查人员查获。客户态度较好，承认错误，接受处理。计算应补交电费及违约使用电费。（设电价为 0.56 元/kWh）

解　调查种别：越表用电。

用电容量：电灯 $40 \times 3 + 25 = 145$W，电视机 30W，电饭锅 700W。照明每日按 6h 计算，电视机、电饭锅每日按 6 计算，窃电时间按 180 天计算，总的窃电量为

$$145 \times 6 \times 180 + 30 \times 6 \times 180 + 700 \times 6 \times 180 = 945 \text{（kWh）}$$

追补电费：窃电电量×单价（电价）$= 945 \times 0.56 = 529.20$（元）

违约使用电费：追补电费×3 倍$= 529.20 \times 3 = 1587.60$（元）

例 6 - 4　2010 年 8 月某市供电公司在营业普查中发现某居民客户擅自打开电能表电压连片用电，造成窃电事实。窃电时间无法查明，请计算追补电量、电费及违约使用电费。[计费电能表为单相 220V，5（20）A 电能表，居民照明电价为 0.52/kWh]

解　追补电量$= 220 \times 5 \times 6 \times 180 = 1188$（kWh）

追补电费$= 1188 \times 0.52 = 617.76$（元）

违约使用电费$=$追补电费×3 倍$= 617.76 \times 3 = 1853.28$（元）

例 6 - 5　×××设备制造公司轧钢车间承租人窃电案：承租人黄××和张××，1999 年共同出资承租了×××设备制造公司的 180、250 车间，进行铸钢、轧钢等经营活动。为牟取暴利，窃取国家电能，被告人黄××指使被告人张××自 1999 年 4 月至 2000 年 1 月期间，使用 3 个短线环，采取跨表接线的手段，先后盗窃国家电能 80.01 万 kWh，价值人民币 27.6 万余元。2000 年 1 月 20 日，被告人张××在窃电时被×××市公安局×××分局、×××供电分公司当场抓获。

2000 年 10 月 17 日，×××中级人民法院依照《中华人民共和国刑法》有关条款规定，对被告人黄××、张××做出一审判决，分别判处有期徒刑 10 年、剥夺政治权利 2 年，并处以罚金 5 万元。

上述案例依据《中华人民共和国刑法》第 264 条的规定，被告人是以非法占有为目的，秘密窃取公私财物数额特别巨大盗窃公私财物的行为，对该盗窃罪应处 10 年以上有期徒刑或者无期徒刑，并处罚金或者没收财产的刑法和附加刑的处罚。此案件的判决对震慑窃电行为具有很好的借鉴和指导作用。

（四）窃电取证及注意事项

1. 窃电取证

用来定案的窃电证据，必须同时具备合法性、客观性和关联性，缺一不可。供电企业用电检查人员在进行查电任务时，发现有窃电行为，应及时进行现场勘查、询问有关行为人员、拍摄现场照片、收缴窃电工具。若需要公安机关配合，应提前协调，联合行动，配合取证，供电企业人员进行技术指导，公安机关获取证据。若供电企业独立取证，用电检查人员取得的窃电证据一定要经公安机关侦察和确认，否则检察机关可能不予认可，法院也可能不予采纳。

窃电取证的手段和方法很多，主要包括以下几方面：

（1）自行取证的方法。

1）拍照；

2）摄像；

3）录音（必须征得当事人同意）；

4）损坏的用电计量装置的提取；

5）伪造或者开启加封的用电计量装置封印收集；

6）使用电计量装置不准或失效的窃电装置、窃电工具的收缴；

7）在用电计量装置上遗留的窃电痕迹的提取和保全；

8）制作用电检查的现场勘验笔录；

9）经当事人签名的询问笔录；

10）客户用电量显著异常变化的电费清单的收集；

11）当事人、知情人、举报人的书面陈述材料的收集；

12）专业试验、专项技术鉴定结论材料的收集；

13）违章用电、窃电通知书；

14）供电部门的线损资料、值班记录；

15）客户产品、产量、产值统计表；

16）该产品平均耗电量数据表。

（2）要求法院收集的方法。要求法院收集的是因客观原因不能自行收集的证据。例如：不允许当事人查阅的有关档案等，人民法院认为需要鉴定、勘验的证据材料，当事人之间各自提供的证据相互矛盾，无法认定。

（3）针对不同的窃电主体，收集、提取不同的证据。例如：对企业、事业单位、个体户的窃电；对居民客户的窃电；对制造、销售窃电工具产品的。

2. 窃电注意事项

（1）检查过程中要眼多看、手少动。检查客户是否窃电时，应当多观察，从外围着手，从外部现象来判断是否窃电，如绕表接电、直接在供电企业的供电设施上接电用电、故意损坏计量装置、安装窃电装置等情况，都可以通过观察进行判断。当外围现象没有明显窃电时，要当着客户配合人员的面，查看互感器二次回路接线是否正确完整、电压回路是否虚接，打开计量箱柜门，查看接线是否正确，电能表是否异常，查看表尾，表盖铅封是否异常，用设备测量电压、电流、相序等电气量，分析判断回路是否正确。对检查过程的时间、地点、在场人员、检查对象、检查现象、窃电工具设备、实际用电设备和负荷大小、必要的窃电接线示意图、录音、录像等情况要详细记录。

（2）通过负荷监控、远程抄表、综合自动化设备等渠道发现窃电现象的，应当注意保存好各种数据和图形，并且一定要和现场查处相结合，使相关的证据能够相互印证。

（3）遇有重大案情立即保护现场并汇报领导进行处置，必要时报请公安机关或公证处、技术监督等部门配合处理。

（4）窃电定性相对容易，窃电定量存在比较大的困难，证据必须查证属实，才能作为认定事实的依据。查处窃电取得的证据也较容易证明窃电事实。窃电如何定性，法律规定和如何认定都比较清楚，争议也较小。窃电量通常通过计算得来，计算出来的窃电量往往争议较大，按照《供电营业规则》第一百零三条第三款规定，在无法查明窃电时间时至少按照180天计算。

（5）供电企业查获窃电后，应当重点收集窃电量证据。缺乏窃电量证据，很难进行处罚，特别是刑事处罚。由于对窃电时间长短很难取得直接证据，在不能确定窃电量的情况下，往往需要间接证据来证明窃电量。因此，必须尽量收集与用电有关的各种证据，只要能形成有效的证据链，就能有力的证明窃电时间，从而计算出窃电量。目前，比较可行的做法就是收集线路损耗数据、负荷控制数据、集抄数据、用户的历史电量数据、客户用电设备容量、客户生产报表、客户产品销售报表及用户产品单耗指标，进行全面的、客观的、科学的分析，从中找出充分可靠、具有较强说服力的确凿证据，来推算出窃电量。

总之，取证主体要合法适当，取证过程要认真细致，收集证据要全面可靠，运用证据要协调有利。

【项目总结】

窃电与违约用电行为是客户用电过程中常见的现象，为了保证正常的用电安全及用电秩序，作为用电检查人员，应正确把握窃电与违约用电行为的判断及处理规定，对违约用电及窃电行为应进行制止。学生在本项目学习中应认真掌握，在实际工作中应良好应用，以确保电力供用与使用过程中的良好秩序。

复 习 思 考

6-1　什么是违约用电？什么是窃电？

6-2　违约用电的形式有哪些？应该如何处理？

6-3　窃电的形式有哪些？应该如何处理？

6-4　根据《供电营业规则》如何对窃电量进行计算？

学习情境七

电 力 客 户 服 务

【项目描述】

本项目重点学习电力营销服务体系、电力客户服务管理及如何受理客户故障报修及投诉举报。主要内容包括电力营销的基本知识、电力客户服务概述、电力营销服务体系的基本职能、95598客户服务、电力客户服务工作规范与技巧等内容。掌握电力客户服务的工作要求和业务受理流程，通过受理客户咨询、查询、受理客户故障报修及受理客户投诉举报，完成电力客户服务的基本能力训练。

【教学目标】

知识目标：

1. 熟悉电力营销的基本知识；

2. 掌握电力客户服务的要求和作业规范；

3. 掌握电力客户服务的业务受理流程及处理；

4. 掌握客户故障报修及投诉举报的受理。

能力目标：

1. 具备电力客户服务的基本能力；

2. 具备受理客户咨询、查询的能力；

3. 具备受理客户故障报修的能力；

4. 具备受理客户投诉举报的能力；

5. 具备电力市场营销的基本能力。

【教学环境】

教材、黑板、多媒体教学设备、相关资料。

任务一　电力营销服务体系

【教学目标】

知识目标：掌握电力营销的基本知识和电力客户服务的基本内容；熟知电力营销服务体系的基本职能，熟悉电力客户服务技术支持系统的构成，了解客户服战略，熟知95598客户服务的业务功能。

能力目标：具备电力客户服务的基本能力及具备以客户为中心的服务理念。

【任务描述】

根据电力营销的基本知识和电力客户服务的基本内容掌握电力营销服务体系的相关知识。综合客户服务战略及客户服务与公共关系确定以客户为中心的服务理念。通过面向客户的综合业务服务平台——95598客户服务在全国的推广，深入理解其基本业务功能。

【任务准备】

1. 电力营销有何重要性？

2. 什么是电力客户服务？

3. 电力客户服务包括哪些内容？

4. 95598的基本业务功能有哪些？

5. 电力客户服务与公共关系如何？

【任务实施】

了解电力营销的相关知识，确定电力营销的重要性。通过电力客户服务的基本知识，确定以客户为中心的服务战略。划分现代电力营销体系的基本职能，明确电力客户服务的技术支持系统的构成，通过95598电力客户服务的基本功能，模拟进行电力客户服务的基本技能训练。

【相关知识】

一、电力客户服务的概念

电力客户服务是指以电能商品为载体，用以交易和满足客户需要的、本身无形和不发生实物所有权转移的活动。

电力客户服务包含两个要点：

（1）电力客户服务的目的是促进电能的交易和满足电力客户的需要。离开交易就不会发生电力企业对客户的服务，而电力客户服务交易是为满足电力客户的需要。如报装接电，这既是电力企业与客户之间的电力交易，又是满足客户用电要求、提高供电质量的有效措施。

（2）电力客户服务交易是无形的，实质上不发生服务者本身实物所有权的转移。例如，电力客户服务中心的营业厅和营业人员是有形的，但服务人员对客户提供的咨询、缴费、报装接电等服务是无形的。

二、电力营销服务体系

1. 现代电力营销服务体系的基本职能

现代电力营销服务体系的基本职能可概括为四个层次：

（1）客户服务层。为客户提供高效、便捷和优质的服务，树立电力企业的良好服务形象，为电力企业赢得市场竞争优势。通过营业窗口、呼叫中心、因特网和客户现场等多种服务手段，为客户提供用电信息、电力法规、用电政策、用电常识，以及用电技术等信息查询和咨询，实时受理客户通过各种方式提交的新装、增容与用电变更、日常营业、投诉举报等业务，并直接为客户提供服务。

（2）营销业务层。将营销业务信息流按照标准化、科学化的管理原则和电力营销专业规范进行迅速、准确的处理。其工作内容包括：新装、增容与用电变更，合同管理，电量电价电费计算，收费与账务管理，电能计量，负荷管理等。

（3）营销工作质量管理层。通过对营销业务、客户服务的监控及对特定指标的考核进行职能管理，及时发现问题和不足，迅速予以反映，督促有关部门加以纠正。主要包括工作流程控制、营销业务稽查、合同执行情况管理及投诉举报查处等。

（4）营销管理决策层。指定营销策略、市场策划和开发、客户分析、政策趋势、效益评估、公共关系及企业形象设计管理。通过对营销业务层、客户服务层、营销工作质量管理层等多方面的信息流，如市场销售、客户信息、市场动向等指标的综合分析，形成管理决策。

2. 电力营销服务组织机构业务流程

电力营销服务组织机构如图 7-1 所示。

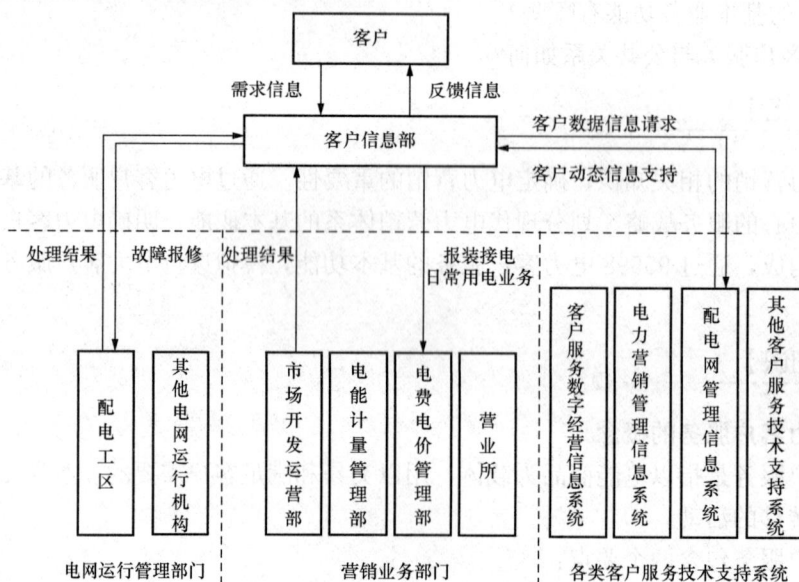

图 7-1　营销服务组织机构图

3. 电力客户服务技术支持系统

客户服务技术支持系统主要由电力营销管理信息系统、客户服务数字语音信息支持系统、配电网管理信息系统、电力流动服务快速反应系统四大部分构成。各类客户服务技术支持系统之间有着密切的联系，系统的紧密耦合和数据共享对整体工效的发挥起着至关重要的作用。

（1）客户服务数字语音信息支持系统，通过统一的电力服务电话或因特网客户服务网站，全天 24h 受理客户用电服务请求，并通过流程传递到其他相关支持系统和部门进行处理，办理完毕后再通过本系统回复客户，形成闭环管理。系统运行效率的高低，在很大程度上依赖于电力营销管理信息系统、配电网管理信息系统等技术系统能否提供完备翔实的客户用电档案信息，以及客户所在线路公用变压器状态、电能表表码、应收电费等动态用电数据；同时也依赖于电力流动服务快速反应系统等现场处理系统能否准确获取客户需求和进行快捷、高效地处理。

（2）电力营销管理信息系统，是为客户提供优质服务的基本技术支撑平台，也是连接其他支持系统的核心和纽带。该系统建立所有客户用电的档案信息及变压器、电能表、电费台账等信息，并提供给其他技术支持系统共享。同时，通过流程接受客户服务数字语音信息支持系统发出的关于客户用电需求等工作单，并相应地进行业务处理。

（3）配电网管理信息系统，除满足内部管理功能需要外，还为营销部门制定客户供电方案提供共享信息服务，并通过流程接受客户服务数字语音信息支持系统发出的关于客户电力故障报修信息，并为流动服务快速反应系统迅速进行故障定位提供信息服务。

（4）电力流动服务快速反应系统，能接收其他技术支持系统传递的有关客户现场服务指令，依托无线网络获取客户用电档案信息和其他用电数据，实现客户用电需求的现场办理，并将处理结果传回客户服务数字语音信息支持系统备案并回复客户。

三、客户服务战略

我国电力市场在相当长的历史时期内，仍处于产品的成长期。1997 年以来，我国总体电力平衡有余。但这种平衡是低水平的、暂时的和脆弱的。电力消费在一次能源消费中的比例只有 34.8%，人均用电水平仅为世界平均水平的 40%。按照现代促销规律，在这一时期应以宣传质量和服务为主，以期改变客户使用产品的习惯，逐渐形成对电能产品的偏爱，以增加消费量。因此，供电企业必须坚持以服务为中心或以客户为中心的长期发展战略；供电企业的立业之本应当，也必须是以客户为中心的服务战略。世界已经进入了"服务经济时代"。发展服务产业，队伍的素质和管理水平是决定性因素。通过优质服务，让客户满意，以至于客户愉悦，是企业战胜竞争对手的最好手段，更是企业取得长期成功的必要条件。没有什么其他更好的方法能像让客户满意、愉悦一样，在激烈的竞争中提供长期的、起决定作用的优势。如果说以客户为中心的服务战略适用于许多行业，那么，实施这一战略在电力企业则尤为重要和迫切。

1. 以客户为中心的服务战略

以客户为中心的服务战略是以市场为导向，以满足客户需求为中心，以经济和社会效益最大化为目标，通过提供客户价值使客户满意和愉悦，从而求得企业可持续发展的总体性谋划。可以从以下几方面来理解：

（1）区别于以往以产品为导向的营销观念，强调的是不断满足客户的需求。

（2）在完善有形产品的同时，更注重无形产品，即服务的质量。

（3）企业的核心业务流程在于服务环节，企业的获利能力主要来自于高品质的服务所带来的附加值。

（4）追求服务方式的差异化和个性化。既考虑客户需求的相同性，又要考虑客户需求的差异性乃至个性。

2. 承诺服务

承诺服务与服务承诺是两个不同的概念。服务承诺是承诺服务的第一个环节，也就是对服务行为的一种承诺，是一种静态的语音表述；承诺服务是兑现承诺的过程和具体的行为，是承诺人为了兑现承诺条款所进行的一系列实践活动，是一种动态的服务过程。承诺服务与服务承诺构成了一种承接过程，提出了服务承诺就必须开展承诺服务，承诺最终要落实在服务上。

（1）系统的、整体的承诺是客户满意的前提条件。承诺是一个系统的、整体的价值链的承诺，而不只是"窗口"的承诺。这就要求以供电企业为轴心，电力服务向两头延伸。在作业流程上，供电环节向发电、输电环节延伸，发电与输电要对供电部门做出承诺，发电公司提高发电质量，电网公司提高输送载体的质量；供电部门进而再向客户延伸，主动为客户献计献策，解决用电中的问题。

从供电企业角度看，服务承诺首要的是企业领导对客户的承诺，其目标要由企业的变电运行、输变电检修、客户服务中心甚至是机关后勤等全部工作流程共同来实现。

（2）质量是客户满意的基础。全面质量是价值建立和客户满意的核心要素，质量要求全员、全过程的保证。

1）质量的全程性。质量是一种产品或服务的性能和特征的集合体，它具有满足现实或潜在需求的能力。这是一种以客户为中心的质量定义。客户价值链传递生产质量和客户服务质量。要以建立适应市场竞争需要的质量保证体系为前提，以生产满足市场和客户需求的优质电能产品为目标，健全企业内部质量管理运行机制，做到事前预警、事中监督、事后反馈，实现从设计到售后服务的全过程质量保证。在内部质量管理运行机制日益完善和优化的前提下，还必须注重企业外部的信息管理与利用，从了解客户需求信息开始，在设计、制造、销售、服务的过程中，努力满足客户需求，让客户满意贯穿质量管理的全过程。

2）质量的全员性。质量必须反映在公司的每项活动中，质量要求全体职员的承诺。必须遵循上道工序为下道工序服务，上道工序向下道工序承诺的原则，将客户网的观念在整个公司落实，而不是仅由一线服务人员负责，企业的每一级管理人员也应该了解客户、服务客户。质量，要求有高质量的伙伴。不仅仅产品或服务应该值得不断进行完善，那些生产或传递这些产品或服务的人也应该不断地进行自我完善。质量是每个人的事情，每个人都应该提高质量和照顾客户的技巧。即使他们从来不接触外部客户，他们也是内部顾客价值链中的一个有效的环节。

（3）效率是客户满意的重要条件。20世纪90年代的一项分析表明：一个能比其竞争者的反应快4倍处理顾客的抱怨与要求、送货与创新的企业，将比其竞争者的增长速度快3倍，并获得2倍的利润。国家电网公司2001年供电服务承诺第5条规定：电力故障报修服务到达故障现场抢修的时限：城市45min；农村90min，特殊边远山区2h。第7条规定了供电企业受理居民客户申请用电后，5个工作日内送电；其他客户在受电装置验收合格后，5个工作日内送电。这些承诺充分体现了电力服务的效率。

承诺的范例：中国香港中华电力公司承诺服务内容见表7-1，国家电网公司供电服务的十项服务承诺见表7-2。

表7-1　　　　　　　　　　　　香港中华电力公司承诺服务内容

序号	承　　诺
1	供电可靠程度达99％
2	电气装置经检查后，新客户可在24h内获得电力供应的比率应大于99.6％
3	客户在收费处等候缴费不超过5min的情况比率大于97.74％
4	维修工程人员在1h内抵达停电现场做紧急维修的到位率大于95.07％
5	客户来电咨询时，公司在4次响电话铃声内接听率大于98％

续表

序号	承　诺
6	在计划停电进行维修工程前 3 天已通知受影响的客户的比率达 95%
7	收回欠账后 1 日内重新接通电力的比率达 95%
8	客户在客户服务中心进行查询，无须超过 20min 的比率可达 95%

表 7-2　　　　　　　　　　　　国家电网公司供电服务的十项服务承诺

序号	承　诺
1	城市地区：供电可靠率不低于 99.9%；居民客户端电压合格率不低于 96%；农村地区：供电可靠率和居民客户电压合格率，经国家电网公司核定后，由各省（自治区、直辖市）电力公司公布承诺指标
2	供电营业场所公开电价、收费标准和服务程序
3	供电方案答复期限：居民客户不超过 3 个工作日，低压电力客户不超过 7 个工作日，高压单电源客户不超过 15 个工作日，高压双电源客户不超过 30 个工作日
4	城乡居民客户向供电企业申请用电，受电装置检验合格并办理相关手续后，3 个工作日内送电
5	非居民向供电企业申请用电，受电装置检验合格并办理相关手续后，5 个工作日内送电
6	当电力供应不足，不能保证连续供电时，严格执行政府批准的限电序位
7	供电设施计划检修停电，提前 7 日向社会公告
8	提供 24h 电力故障报修服务，供电抢修人员到达故障现场抢修的时限：城市范围 45min；农村地区 90min，特殊边远地区 2h
9	客户欠电费需依法采取停电措施的，提前 7 天送达停电通知书
10	电力服务热线"95598"24h 受理业务咨询、信息查询、服务投诉和电力故障报修

3. 客户服务与公共关系

公共关系活动方式是多种多样的，按照接触公众的工作方式进行分类，可以分为宣传性公关、交际性公关、服务性公关、社会性公关和征询性公关。其中，服务性公关是通过提供各种优惠服务来树立良好的企业形象，如售前咨询服务、售中代理服务、售后"三包"服务等。这种类型的公关活动使公关工作由抽象变为具体、有形的行动，作用于直接公众，有利于密切企业与公众的关系。

从广义上分析，客户服务是处理公共关系的基础，与公共关系形成各自独立的两个方面。要把客户服务作为一种品牌来经营。品牌是客户对一项产品或服务的认知和体验，是一种消费信用，是市场的版图；品牌体现着企业文化，体现着企业的整体实力，体现着其产品或服务的技术含量、质量、性能、信誉和资信水平等。

从狭义上讲，客户服务是公共关系中的一个方面，可称为客户服务公关。服务公关和形象公关之间是有差别的。前者通常包括就商业机构自身及其产品和服务进行更大范围的宣传和推广。因此，这种公关形式可以看成是正面积极的公关，因为它是向内、向外进行的。形象公关与商业机构的总体形象有关，可以看作是对外来事件的防卫性反应行为。客户服务之于公共关系，其意义在于：客户服务不只是为客户提供了什么具体的服务，而是通过服务传达了一种信息和理念，这种客户服务已经上升到了公共关系的层面。与其说是通过向客户提供了某种有形的服务，还不如说是向客户传输了一种价值观。有了客户服务作基础，公共关系将变得更加牢固。从这个意义上讲，客户服务就成了公共关系的一项重要内容。

4. 客户服务与企业形象的关系

广义的企业产品应该包括有形的产品和无形的产品，供电企业的有形产品有电能（为了区别于电力服务活动这种无形的产品，在此，暂把电能作为有形产品来看待）、电力工程等，无形产品包括各种服务活动。几乎所有有形的产品都必须通过服务来落实。客户对产品的要求越来越高，在关心有形产品——核心产品的同时，对产品运输及后续服务——外延产品，更是倍加关注。

良好的产品和服务形象是塑造企业良好形象的关键。产品和服务的形象一般表现为价格、质量、装帧和款式。由于电力行业的特殊性，产品的形象更多地表现为电压合格率、频率、供电可靠率和客户业扩报装工程质量等，服务形象则是围绕着客户而展开的一系列服务活动。如果说供电企业有形产品的形态相对稳定，那么，电力服务的方式则是多种多样的，必须在服务方式和服务手段上不断适时地更新完善。要做到人无我有，人有我优，人优我奇，通过树立产品和服务形象，提高企业形象。企业的产品和服务形象一旦树立起来，就形成了巨大的潜在资产，它的作用有时远远超过了有形的固定资产和流动资金，成为企业效益的源泉。这种无形的力量叫做形象价值，一个名牌的形象价值有时是令人难以置信的。形象塑造不是一朝一夕的事情，它渗透于企业的各种活动之中，渗透于政治、经济、文化等各个方面，需要在原有基础上不断地完善、更新。

四、95598 客户服务

在服务功能建设方面，国家电力公司于 2001 年底推出了面向客户的综合业务服务平台。经国家信息产业部核配的供电服务统一电话号码是"95598"，且开通了 Internet 供电服务 www.95598.com.cn 网站。"95598"客户服务系统是以地（市）供电企业为核心，集计算机网络技术、自动呼叫分配（ACD）技术、计算机电话集成（CTI）技术、数据库技术及因特网等技术于一体，实现与电力客户的交互式联系，为电力客户提供 24h 业务咨询、信息查询、业务受理、故障报修和投诉等服务。

95598 的基本功能简单划分为业务功能和平台功能。

1. 业务功能

业务功能是指 95598 在客户服务及供电企业营销管理工作中的主要职能，可概括为七项基本功能。

（1）咨询、查询。以电力知识库和公共信息为支撑，为客户提供用电政策法规、业务处理进程、电量电费、电价标准、停电预告等信息的查询服务。

（2）故障报修。受理客户故障报修服务请求，生成抢修工作单传递到相关部门进行处理，并能对处理过程进行跟踪、催办及考核。故障处理完毕后及时回访客户。系统能记录每个故障的处理过程。包括报修人姓名、电话、报修时间、故障地点、故障处理部门、处理时间、处理人员、故障类别、故障原因、故障处理经过等信息。

（3）投诉、举报与建议。受理客户对违约用电、窃电嫌疑、供电企业职工行风问题的举报，供电业务办理、供电服务等方面的各类投诉及建议，并传递到相应部门进行处理，并将处理结果反馈至客户或由坐席人员进行回访，形成闭环管理。

（4）营销业务受理。受理各类客户的新装、增容及变更用电等业务，生成电子工作单，传递给其他电力营销业务应用系统进行业务流程处理，并实时督办处理情况，形成流程闭环控制。

（5）信息发布。通过电话外拨、短信、Internet 网站等方式，向客户发布公告、停电预告等信息。

（6）主动服务。

1）催缴电费：通过电话外拨、短信等方式，对欠费客户进行电费催缴。

2）客户回访和市场调查：通过电话外拨、Internet 网站等多种方式，对服务质量和市场需求进行调查。

（7）服务信息统计分析。对受理的各类客户服务信息进行统计分析，形成各种业务统计报表和信息简报，发送领导及相关部门参考，进一步改进服务质量，提高客户满意率。

2. 平台功能

平台功能是指为确保 95598 的正常运转，软硬件平台设备应提供的技术支持手段，可概括为 11 项基本功能。

（1）服务接入。采用基于板卡、程控交换机（PBX）或者 VIOP 技术的方案，实现人工坐席（包括远程坐席）、自动语音应答、传真、Internet 网站等接入方式。

（2）自动呼叫分配（ACD）。实现对接入呼叫进行智能路由和排队控制，保证客户服务请求以最短的时间被转接到最合适的坐席；能灵活设置排队和路由策略。能实现所有呼叫类型的统一排队。

（3）计算机电话集成（CTI）。实现电话语音系列和计算机系统的信息共享和集成，支持坐席屏幕信息自动弹出；支持话务在自动语音与坐席、坐席与坐席之间自由切换和灵活转接；支持坐席之间的语音和数据的同步转移。

（4）交互式语音应答（IVR）功能。为客户电话请求提供语音提示，引导客户选择服务内容和输入电话自助服务所需数据，在接受客户输入信息后，实现对数据库等信息资料的交互式访问。提供 $7 \times 24h$ 的自动语音服务，实现信息咨询、信息查询等业务功能。能进行自动语音报工号、人工服务的辅助和引导；支持文本转语音（TTS）播放；具有语言留言功能；能灵活定制流程，并可方便地加载/卸载。

（5）传真服务功能。提供 $7 \times 24h$ 的自动传真服务，实现传真的接收和发送；支持 TIFF 格式的传真，并能将常用的文件格式转换成 TIFF 格式；能记录每个传真的具体内容、传真的发送时间、结束时间、客户代表话务员工号、传真文件注释等内容。

（6）全程自动录音功能。实现电话服务坐席全程 24h 自动录音，记录每个录音的开始时间、主叫号码、坐席人员工号等内容，并提供方便的手段对录音文件进行检索与播放。

（7）坐席管理软件包。按功能可设置普通坐席和班长坐席。

1）普通坐席：实现登录、注销等基本坐席呼叫控制操作；实现电话接听、挂起、转移、挂断、外拨、会议等软式电话功能。

2）班长坐席：除具备上述规定的功能外，还应实现对普通坐席的话务管理、状态管理等在线监控管理功能；实现对普通坐席的监听和强插功能；能按技能级别、业务类别对普通坐席进行配置和分组管理。

（8）外拨服务。实现主动发送、请求发送、成组广播发送、选择性请求发送等多种电话和传真发送形式，可扩展电子邮件 Email、短信等回复方式。

（9）Internet 网站服务。通过 95598 Internet 网站提供网上业务受理、信息发布与查询、网上文本交谈与同步浏览、电子邮件、个性化消息订阅等服务功能。

（10）系统配置及监控管理。能对路由排队策略、坐席配置和技能分组、入口信息、语音组合流程、录音启动规则等进行设置。能监控系统配置和资源运行状态，监视系统运行效率，查看当前系统的排队状况，跟踪系统受理呼叫的流程。能在系统运行异常时进行故障分析和定位。

（11）与其他相关应用系统的接口。实现与电力营销技术支持系统、配电 GIS 系统、办公自动化等相关电网应用系统的接口。能进行工作单的传递，实现数据交互。

综上所述，95598 作为连接广大电力客户和供电企业的桥梁和纽带，在提升服务质量、改善服务形象、塑造服务品牌形象等方面承担着重要责任，发挥着关键作用。

任务二　电力客户服务管理

【教学目标】

知识目标：掌握电力客户服务管理的基本内容；熟知电力客户服务工作规范，熟悉电力客户服务技巧。

能力目标：具备应用电力客户服务工作规范的能力及具备运用电力客户服务技巧的基本能力。

【任务描述】

根据电力客户服务管理的相关知识掌握电力客户服务的工作规范。结合客户服务工作规范与服务技巧，进一步明确做好电力客户服务的重要性。强化用电营业服务要求和标准，严格执行电力客户服务工作规范，并且深刻理解客户服务监督管理的意义。

【任务准备】

1. 电力客户服务管理有何重要性？
2. 什么是电力客户服务的工作规范？
3. 用电营业服务要求和标准包括哪些内容？
4. 客户服务技巧有哪些？
5. 客户服务监督管理的内容有哪些？

【任务实施】

了解电力客户服务管理的相关知识，确定电力客户服务的重要性。通过用电营业服务要求和标准，确定严格执行电力客户服务的工作规范，通过客户服务工作规范与服务技巧，模拟演练电力客户服务。

【相关知识】

一、电力客户服务工作规范

1. 用电营业服务要求和标准

用电营业服务要求和标准能够有效地规范供电企业经营行为，维护电力客户合法权益，使供电服务和监督实现系统化和规范化。

(1) 营业场所。供电营业场所应位于交通便利、方便客户前往的地点，门前有统一、规范、醒目的标示、名称牌，告示服务时间。营业厅内美观大方、布局合理、舒适安全、整洁卫生，设有客户等候休息处，置备客户书写台、纸、笔等；厅内具有受理业务范围、办事程序、收费项目、收费标准、收费依据和服务守则的流程图和免费赠送客户的宣传资料，包括电力法规制度、办理用电业务须知、电价与电费规定、用电常识等。营业柜台上定制摆放标示办理各类业务的标牌，并在显著位置标有工作人员的姓名、照片、岗位和工号。营业厅实行无周休日营业制度。

营业厅应设有专门的业务咨询服务台或查询窗口、业务洽谈室，为客户提供电力法律法规、用电报装、电费等查询和咨询服务，帮助客户办理用电业务。

(2) 柜台服务。营业场所提倡使用开放式营业柜台。客户服务人员应至少提前5min上岗，检查计算机、打印机和触摸服务器等，做好营业前的各项准备。工作期间统一着装，佩带统一编号的服务证（章），办理客户业务实行首问负责制，采用计算机处理用电业务。需要客户填写业务登记表时，客户服务人员应将表格双手递给客户，提示客户参照书写示范样本填写，并对填好的登记表认真审核。办理每件居民客户收费业务的时间不超过5min。客户办理用电业务的时间每件不超过20min。客户办完业务离开时，应微笑与客户告别。

工作中，若因系统出现故障而影响业务办理，如短时间内可以恢复的，应请客户稍候并致歉；需较长时间才能恢复工作的，除向客户道歉外，应留下客户的联系电话，再另行预约。

当残疾人及行动不便的客户来办理业务时，应上前搀扶，代办填表等事宜，并请客户留下联系地址和电话，以便上门服务。对听力不好的老年人，声音应适当提高，语速放慢。

临下班时，对正在处理中的业务应照常办理完毕后方可下班。下班时如仍有等候办理业务的客户，不可生硬拒绝，应迅速请示领导，视具体情况加班办理。

(3) 查询服务。电力企业应配置有关业务自动查询系统，开设并公布用电业务查询电话，提供查询服务，回答客户的电费账务查询、用电申请办理情况查询、电力法规查询等。对外公布的各种电话，应在铃响5声内摘机通话。接到客户书面查询电费账目后，应在7个工作日内书面回复客户。开通网上业务咨询服务的，网页要制作的直观、色彩明快，并设有导航服务系统和"请点击"的字样，方便客户使用；客户服务人员要按时打开网络服务器，及时回复各类问题。

(4) 现场服务。客户服务人员在去现场服务前，首先与客户预约时间，讲明工作内容和工作地点，请客户予以配合；到现场后一律穿着工装，主动出示工作证件并说明来意；需进入客户室内时，应先按门铃或轻轻敲门，征得同意后，戴上鞋套方可入内。如施工会给交通安全等带来不便，应严格执行电业安全工作规程，悬挂施工单位标志、安全标志和礼貌标志。工作时应遵守客户内部有关规章制度，尊重客户的风俗习惯。需借用客户物品，应征得客户同意，用完后先清洁再放回原处，并向客户致谢。现场服务中客户服务人员应尽量满足客户的合理要求，遇有客户提出非正当要求或要求无法达到时，应向客户委婉说明。如损坏了客户原有设施，必须遵循客户意愿恢复原貌或等价处理，达到客户完全满意。施工结束后，应清理现场，做到"工完，设备整洁，场地清"。同时主动征求客户意见，并将本部门联系电话留给客户。

工作中，发现客户有违约或窃电行为时，用电检查等人员应依据有关法规礼貌地向客户指出。遇到态度蛮横、拒不讲理的客户，要及时报告有关部门，不要与其吵闹，防止出现过激行为。发现因客户责任引起的电能计量装置损坏，应礼貌地与客户分析损坏原因，由客户确认，并在工作单上签字。用电工程验收中，发现有不符合规程要求的问题时，应向客户耐心说明，并留下书面整改意见。

（5）报装服务。客户服务人员应采用多种方式受理客户各类用电业务，实行"首问负责制"和"业务主办制"，一口对外。受理居民客户用电申请后，在5个工作日内送电，其他客户在受电装置验收合格后5个工作日内送电。有条件的地方，应逐步实行网络化服务，通过网络提供查询、咨询、报装接电等各项用电服务，使客户足不出户就能满足用电需求。

（6）电力抢修。电力企业应设立报修电话，并向社会公布电话号码。供电设施计划检修需停电时，应提前7日向社会公告停电线路、区域、停电的起止时间，特殊重要客户应特别通知。临时处理供电设施故障需停电时，应及时通知客户。突发故障而停电，客户查询时，应做好解释工作。要严格执行值班制度，提供24h电力故障报修服务，紧急服务维修人员应在45min内到达城区事故停电现场，无特殊原因5h内恢复电力供应。

（7）特别服务。电力企业作为公益性行业，应定期组织便民服务活动和安全用电宣传活动。对具备条件的居民客户，实行电话预约装表接电。开办节假日、公休日居民用电电话预约服务。对确有需要的伤残孤寡老人提供上门服务。

2. 客户服务监督管理

建立有效的客户服务监督体系，对供电服务进行监督管理，是确保客户服务行为符合规范，供电服务质量符合标准的有效措施。客户服务监督体系包括如下几方面内容：

（1）设立服务质量投诉举报电话，向社会公布电话号码；在营业区内适当位置设置若干意见簿或意见箱，及时征集客户意见。对客户的意见要认真检查、核实和处理，并迅速回复客户。

（2）在客户中聘请社会监督员，定期召开客户座谈会，定期走访客户，认真听取供电营业服务方面的意见，通过双方的交流和沟通，达到相互理解和支持。

（3）开展客户满意率调查，参与社会评议行风活动，广泛征求社会各界和客户的意见，有针对性地了解和解决供电服务的热点和难点问题，不断提高客户满意率。

（4）开展明察暗访，通过公开报道的形式，树立典型，暴露问题；对供电服务的违纪、违规行为进行严肃查处，杜绝严重影响企业声誉和形象的行业不正之风事件。

（5）对客户投诉的热点、难点问题和重复的投诉举报，责任部门应加强分析、研究，及时制定整改措施，并稳妥处理和解决。对客户提出的合理化建议和意见，经认定后要立即制定措施，有效付诸实施。

（6）对客户投诉的服务质量问题，应在3个工作日内通报处理情况，除特殊情况外，15个工作日内答复处理结果。

二、客户服务技巧

所有成功的商务活动无不体现出高超的技巧；而许多失败的案例极有可能缘于一次技巧的运用不当或者无技巧。看似不可能的事情，出人意料地取得成功；表面上水到渠成的事情，则可能陷入绝境——技巧，已经相当程度地起到了催化剂的作用。技巧是一种服务的艺术，而不是一种管理的方法。技巧也不是一成不变的。与其说技巧属于管理范畴，不如说它是一门创造的艺术。

电力企业拥有广大的客户群，服务技巧直接影响着客户服务的效果。在电力营销整个过程中，从最初的咨询服务到售中服务再到售后服务的每一个阶段中，高质量的接触都很重要。具体的服务技巧见表7-3。

表7-3 客户服务技巧

序号	内 容	技 巧	效 果
1	让客户易于与您联系	提供基于邮寄的答复机制；电话答复机制；传真答复机制；网络邮件答复机制	客户在交易或咨询时可以节省时间，达到满意
2	帮助客户做出正确选择	提供适当的信息、建议和指导	客户会更加坚信自己做出了正确的选择，有助于建立长期合作
3	方便客户交易	营业场所地点便利，很容易找到，营业时间方便	为客户提供便利
4	改进客户接待	使员工了解客户的用电史和服务史，以及客户的信息细节。不放弃工作时间以外的客户接待，如电力系统已经实行的24h电话服务	客户将感到满意和愉悦
5	及时答复客户的问询	服务时限的合理掌握，切忌超时服务	遵守时限，赢得诚信
6	随时通知客户具体业务进程	如果客户在等待紧急服务，随时告知他们进展情况	通知客户工作进度可以使客户放心，并表明电力公司对客户的高度关注
7	快速的售后服务	给刚刚在您公司办理了一宗用电业务的客户打个礼貌的电话或寄一封信，是积极的客户服务形式。标准信件和问卷适用于这一过程	表明在发生交易后，您对客户的服务才刚刚开始，当前的客户将成为您的义务宣传员
8	积极利用投诉	客户投诉可以用来衡量电力公司是否健康，并指明需要改进的领域	表明公司已经认识到问题，并非常尊重客户的问题，变被动为主动
9	制定解决问题的程序	赋予一线员工解决大部分问题的权利	有效地缩短问题发生的时间，提高服务效率
10	提供客户帮助热线	通过提供操作建议或适时的意见改进客户服务	增加客户对电力公司的依赖感，增强客户的信任
11	降低差错率	避免电费结算时服务差、开错发票、错误计算电量或其他形式的问题，管理效率低下会严重影响其他客户服务带来的好处	提高管理效率
12	重视最重要的过程	检查本公司对待客户的方式，发现需要重视的关键程序，并提高对客户而言非常重要领域中的服务	解决症结问题，提升服务水平

任务三　受理客户查询、咨询

【教学目标】

知识目标：掌握用电营业柜台受理客户查询、咨询的业务内容；熟知停电、业扩进程、电量、电费查询和电价政策及其他用电业务咨询知识。

能力目标：具备受理客户查询、咨询的业务能力。

【任务描述】

根据停电、业扩进程、电量、电费查询和电价政策及其他用电业务咨询知识掌握用电营业柜台受理客户查询、咨询的业务内容。结合客户服务工作规范与客户服务技巧受理客户查询、咨询。

【任务准备】

1. 停电查询的内容一般有哪些？
2. 业扩进程查询如何处理？
3. 我国现行电价的分类有几类？
4. 功率因数调整电费办法的适用范围如何？
5. 两部制电价的执行范围如何？

【任务实施】

了解停电、业扩进程、电量、电费查询和电价政策及其他用电业务咨询知识，接收到客户的查询、咨询请求后，确定客户查询、咨询类型，通过电力客户服务的受理查询，模拟进行电力客户服务的受理客户查询、咨询基本训练。

【相关知识】

营业柜台受理客户查询、咨询主要体现在停电查询、业扩进展查询、电量电费查询、电价政策及其他用电业务咨询。受理的方式主要为柜台受理和电话受理。接收到客户的查询、咨询请求后，应及时查询电力知识库及公共信息，准确定客户查询、咨询类型，可以直接答复的直接答复客户，不能直接答复的下发业务咨询单到相关部门或请专家进行解答。

一、咨询查询业务流程

1. 业务咨询流程

业务咨询流程见图 7-2。

2. 信息查询流程

信息查询流程见图 7-3。

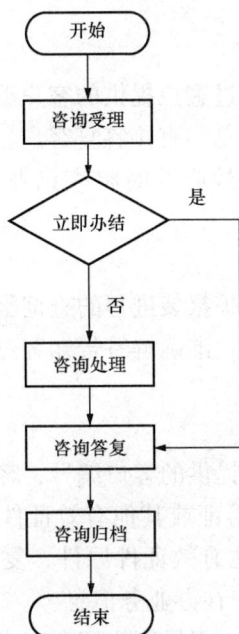

图 7-2　业务咨询流程图　　　　图 7-3　信息查询流程图

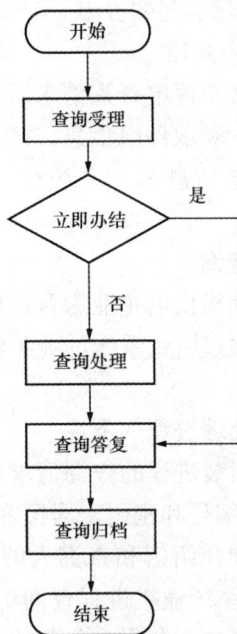

二、停电查询

1. 停电的类型

（1）计划停电。计划停电要有正式计划安排的，分为检修停电和施工停电。供电企业按照工作计划对电网进行扩建、改建、迁移，对业扩报装工程进行接电或电力线路及设备进行正常的停电预试工作，这种停电工作均按周期报调度部门申请批准，事先通过新闻媒体及95598 客户服务系统等方式进行预告。

（2）临时停电。临时停电无计划安排，但提前 6h 经过批准。临时停电主要是因为供电企业巡视过程中发现了电力线路或设备异常，但还未引起故障，必须立即停电对障碍进行紧急处理，以免发生更大的故障。

（3）故障停电。由于供电系统故障引发的停电，分为内部故障停电和外部故障停电。内部故障停电的原因是电力线路及设备在运行过程中出现异常后保护动作或设备无电。外部故障停电的原因很多，例如机车撞杆、建筑工地落物砸线、树木倾倒造成线路或断线、大风、雷电，以及洪水、泥石流等自然灾害，第三者挖掘破坏或盗窃电力设施等。故障停电事先无法预知，因此无法进行提前公告。

（4）欠缴电费停电。自用电客户欠缴电费逾期之日起计算超过 30 日，经催交仍未交付电费的，供电企业可以按照国家规定的程序停止供电。

（5）其他。

1）政府明令禁止的用电行业，供电企业配合政府实施的停电。

2）政府要求的限电停电。

3）由于客户窃电，供电企业停止供电。

4）客户违约用电情节严重的，供电企业可以按照国家规定的程序停止供电。

5）客户内部故障引起的停电。

2. 停电查询业务处理

（1）接到用电客户停电查询请求后，受理人员通过客户提供的客户编号、客户名称等客户信息，查询系统，获取停电信息，已公布的停电信息，直接答复客户。

（2）客户的停电信息未在系统公布的，受理人员应及时将查询业务转到 95598 系统处理。

三、业扩进程查询

业扩进程查询是指供电企业为合法用电人提供业扩报装进程的查询服务。依据客户提供的相关报装信息，通过营销系统的业扩流程查询功能，准确解答告知客户目前该流程所在的节点。

业扩进程查询处理过程如下：

（1）接到业扩报装进程的查询请求后，通过客户提供的客户编号、客户名称和密码信息（如果不能提供客户编号和密码，居民客户需提供身份证或其他有效证件原件，企业客户需提供签字盖章的查询介绍信和查询人的身份证或其他有效证件原件、复印件，否则不予办理），准确操作营销系统业扩进程查询功能，获取客户在办业务信息。

（2）准确告知客户在办用电业务的进程查询结果，引导客户配合完成后续的业扩进程。

（3）应用满意度管理，开展客户满意度调查。

四、电量、电费查询

电量、电费查询是指供电企业为合法用电人提供某个抄表周期用电量及电费的查询服务。

电量、电费查询处理过程如下：

（1）接到电量、电费查询请求后，通过客户提供的客户编号、客户名称和密码信息（如果不能提供客户编号和密码，居民客户需提供身份证或其他有效证件原件，企业客户需提供签字盖章的查询介绍信和查询人的身份证或其他有效证件原件、复印件，否则不予办理），准确操作营销系统电量、电费查询功能，获取客户电量、电费信息。

（2）告知客户所需查询抄表周期的用电量及电费。

（3）应用满意度管理，开展客户满意度调查。

五、电价政策及其他用电业务咨询

1. 常见的业务咨询

（1）电价的分类。

（2）功率因数调整电费。

（3）电压质量。

（4）供电方案的有效期。

（5）供电设施与建筑物、构筑物间的矛盾。因建设引起建筑物、构筑物与供电设施相互妨碍，需要迁移供电设施或采取防护措施时，应按建设先后的原则，确定其担负的责任。如供电设施建设在先，建筑物、构筑物建设在后，由后续建设单位负担供电设施迁移、防护所需的费用；如建筑物、构筑物建设在先，供电设施建设在后，由供电设施建设单位负担建筑物、构筑物的迁移所需的费用；不能确定建设的先后者，由双方协商解决。供电企业需要迁移客户或其他供电企业的设施时，也按上述原则办理。

（6）在供电设施上发生事故引起的法律责任。在供电设施上发生事故引起的法律责任，按供电设施产权归属确定。产权归属于谁，谁就承担其拥有的供电设施上发生事故引起的法律责任。但产权所有者不承担受害者因违反安全或其他规章制度，擅自进入供电设施非安全区域内而发生事故引起的法律责任，以及在委托维护的供电设施上，因代理方维护不当所发生事故引起的法律责任。

（7）供电企业对客户供电可靠性的要求。

（8）窃电行为的界定。

（9）两部制电价及执行范围。

2. 电价政策及其他用电业务咨询处理

（1）接到咨询请求后，了解客户咨询内容，准确确定客户咨询类型。

（2）通过查询电力知识库和公共信息，准确解答客户所咨询的问题。可以直接答复的直接答复客户，不能直接答复的下发业务咨询单到相关部门或专家进行解答。

（3）填写、下发业务咨询单到相关部门或专家，并负责按照时限督办，在规定时限内答复客户。

（4）应用满意度管理，开展客户满意度调查。

任务四　受理客户故障报修

【教学目标】

知识目标：掌握用电故障分类；熟知受理客户故障报修处理流程；掌握对用电故障的判断及供用电设施故障的受理方法。

能力目标：具备受理客户故障报修的业务能力。

【任务描述】

根据电力系统故障类型，接到故障报修信息后，能够初步判断原因并及时处理。结合95598 故障报修处理流程，学习掌握如何受理客户故障报修。

【任务准备】

1. 电力系统故障类型一般有哪些？

2. 造成电力系统故障的原因有哪些？

3. 接到客户故障报修信息后如何处理？

4. 95598 故障报修处理流程是怎样的？

5. 受理客户故障报修的主要工作内容是什么？

【任务实施】

通过了解电力系统故障类型及造成电力系统故障的原因、危害程度、电压类别、紧急程度、电压等级等相关知识，在接收到客户的故障报修请求信息后，能够初步判断原因并及时处理，模拟演练受理客户故障报修。

【相关知识】 ----------------------◎

一、故障分类

电力系统故障引发停电事故，不仅给供电企业带来直接损失，也给广大客户的生产、生活带来极大不便。为了便于客户受理人员在接收到客户故障报修信息后，能够初步判断故障原因及类型，以便及时将该业务传递到相关部门进行处理，在此对电力系统的故障原因及类型进行简单介绍。

（1）故障设备产权属性：供电企业产权、客户产权。

（2）故障危害程度：单户、局部、大面积。

（3）故障电压类别：高压故障、低压故障。

（4）故障报修紧急程度：特急、紧急、一般。

（5）故障区域：城区、农村、特殊边远地区。

（6）故障电压等级：380V/220V、10（6）kV、35kV、110（66）kV、220kV、330kV、500kV 及以上。

（7）故障类型：低压线路、进户装置、低压公共设备、低压计量设备、高压计量设备、高压线路、高压变电设备、电能质量、其他故障。

（8）故障原因：自然灾害、外力破坏、客户内部原因、过负荷、设备缺陷、设计及施工质量问题、其他故障原因。

二、故障报修受理

客户受理人员在接到客户的故障报修服务请求后，应了解故障现象，根据客户提供的故障报修信息初步判断故障原因及类型，分类处理。

1. 工作要求

（1）接到客户电话报修时，详细询问故障情况。如判断是客户内部故障，电话引导和协助客户排除故障；如无法判断故障原因或判断确属于供电部门维修范围内的故障，要详细记录客户的姓名、电话、地址，及时转 95598 处理。

（2）95598 人员应根据客户故障报修信息，及时整理形成故障报修单并下发故障处理责任部门。

（3）根据故障区域、故障类型、故障原因、故障现象判断是否属于重复报修，对于重复报修并已下发故障报修单到故障处理责任单位的，应进行故障报修合并，不再下发故障报修单。

2. 业务流程图

故障报修业务流程图如图 7-4 所示。

3. 主要工作内容

（1）与客户联络时获取客户故障报修请求信息。

（2）了解故障现象，初步判别故障原因及类别。

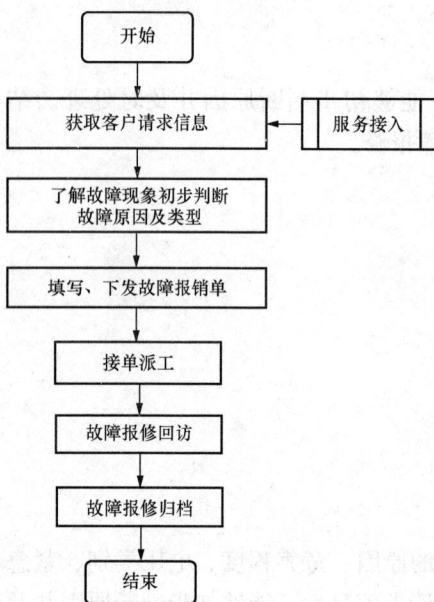

图 7-4　故障报修业务流程图

（3）填写故障报修单。

（4）整理形成故障报修单，故障报修单信息主要包括客户信息、服务渠道、服务方式、请求内容、受理人员、受理时间、故障地址、故障地点参照物、紧急程度、故障处理责任单位、是否需要回复、是否预约、预约时间、附件（图片等）等，详细故障原因及类型在故障处理结束后由处理人员填写。

（5）属于计量装置故障或客户要求校表的故障报修，在核实相关报修信息属实并与客户协商一致后，直接通过客户联络发起计量装置故障或申请校验相关业务流程。

（6）下发故障报修单。

（7）需要转到相关部门处理的，下发故障报修单到故障处理责任单位。高压输配电设备故障、高压变电设备故障、电能质量异常转安全生产；其他故障下发到相应的抢修部门，并通过电话、传真、短信或计算机自动提醒等方式告知抢修部门接单，记录下单时间。

（8）故障报修回访：故障处理结束后开展客户满意度调查回访。

（9）故障报修归档：检查故障报修单的完整性和正确性，将故障报销单、电话录音、客户满意度调查结果及其他相关信息统一建档保存。

任务五 受理客户投诉举报

【教学目标】

知识目标：掌握客户投诉举报类型；熟知受理客户投诉举报处理流程；掌握对客户投诉举报的受理方法。

能力目标：具备受理客户投诉举报的业务能力。

【任务描述】

根据客户投诉举报类型，接到客户投诉举报信息后，能够确定类别并及时处理。结合投诉举报业务流程，学习掌握如何受理客户投诉举报。

【任务准备】

1. 客户投诉类型一般有哪些？

2. 客户举报类别有哪些？

3. 接到客户投诉信息后如何处理？

4. 接到客户举报信息后如何处理？

5. 绘制受理客户投诉举报的业务流程？

【任务实施】

通过了解客户投诉举报类型，在接收到客户的投诉举报请求信息后，能够初步判断类别并及时处理，模拟演练电力客户服务的受理客户投诉举报。

【相关知识】

一、客户投诉受理及处理

1. 客户投诉类型及等级

（1）客户投诉类型。包括服务行为、服务渠道、行风问题、业扩工程、装表接电、用电检查、抄表催费、电价电费、电能计量、停电问题、抢修质量、供电质量、其他投诉。

（2）客户投诉等级。包括一般、重要、重大（多次投诉或群体投诉可以提高投诉等级）。

2. 客户业务流程图

投诉业务流程图如图 7-5 所示。

3. 工作要求

（1）接到客户投诉时，应详细记录具体情况，根据投诉来源、投诉次数及投诉内容，确定投诉类型及等级。

（2）根据客户投诉请求信息，填写客户投诉单并立即转递相关部门或领导处理。投诉在 5 天内答复（《国家电网公司供电服务规范》第二十九条）。

（3）严格保密制度，尊重客户意愿，满足客户匿名请求，为投诉人做好保密工作（《国家电网公司供电服务规范》第三十三条）。

4. 客户投诉处理

（1）客户投诉处理部门在接到客户投诉单后，及时核对投诉内容，并做出处理意见。

（2）客户投诉处理部门收集投诉处理相关资料，将处理结果及时反馈给客户服务中心，处理结果包括处理部门、处理时间、处理结果、是否是属实、是否是供电企业责任等。

（3）客户服务中心应对客户投诉的处理过程进行跟踪、督办。

（4）客户服务中心答复客户相关处理结果，并了解客户对投诉处理的意见，如果是未处理结束的，客户服务中心应对后续处理过程进行跟踪、督办，直至最终处理完毕。

（5）应用满意度管理，开展客户满意度调查，客户投诉应 100%进行回访。

（6）检查客户投诉单的完整性和正确性，将客户投诉单、电话录音、客户满意度调查结果及其他相关信息统一建档保存。

对于客户投诉的处理，客户服务中心应作为客户代表，从接收客户投诉请求，受理客户对服务行为、服务渠道、行风问题、业扩工程、装表接电、用电检查、抄表催费、电价电费、电能计量、停电问题、抢修质量、供电质量等方面的投诉，转到相关部门进行处理，并对处理过程进行跟踪、督办。投诉处理结果及时反馈给客户，形成闭环管理。

二、客户举报受理及处理

1. 客户举报类别

客户举报类别包括违约窃电、破坏电力设施、盗窃电力设施、行风廉政、其他举报。

举报业务流程图如图 7-6 所示。

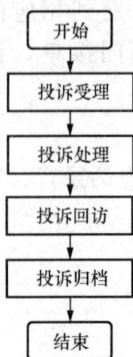

图 7-5　投诉业务流程图

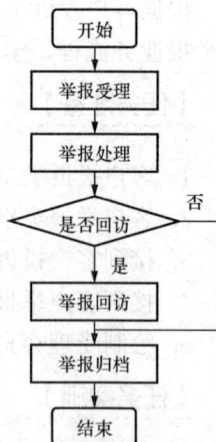

图 7-6　举报业务流程图

2. 工作要求

（1）接到客户举报时，应向客户致谢，详细记录具体情况后，确定举报类别。

（2）涉及窃电、违约用电的举报应发起相关业务流程，其他举报根据客户举报请求信息，填写客户举报单并立即转递相关部门或领导处理。举报在10天内答复（《国家电网公司供电服务规范》第二十九条）。

（3）严格保密制度，尊重客户意愿，满足客户匿名请求，为举报人做好保密工作。

3. 客户举报处理

（1）客户举报处理部门在接到客户举报后，及时核实举报内容，并做出处理意见，对于违约用电及窃电的举报，应根据用电检查的处理结果进行核实。

（2）客户举报处理部门收集举报处理相关资料，依照有关法律、法规对被举报的对象进行处理，处理结果反馈给客户服务中心，并按有关规定和处理结果给予客户奖励。

（3）客户举报处理过程中，客户服务中心应进行跟踪、催办，并记录催办过程，答复客户相关举报处理结果。

（4）客户服务中心应了解客户对举报处理的意见，应用满意度调查，开展客户满意度调查。

（5）检查客户举报单的完整性和正确性，将客户举报单、电话录音、客户满意度调查结果及其他相关信息统一建档保存。

（6）在对举报进行处理的过程中，供电企业应尊重客户意愿，采取必要保密措施防止客户举报信息泄露，保护举报人的权益。

对于客户举报的处理，客户服务中心应作为客户代表，从接收客户对违约窃电、破坏电力设施、盗窃电力设施、行风廉政等方面的举报，转到相关部门进行处理，并对处理过程进行跟踪、督办。举报处理结果及时反馈给客户，形成闭环管理。

【项目总结】

本项目介绍了电力客户服务的相关内容，通过五个任务，有重点地学习了电力营销服务体系、电力客户服务管理、如何受理客户咨询查询、如何受理客户故障报修、如何受理客户投诉举报。通过要点归纳、图表展示和流程介绍，掌握电力营销的相关知识，树立客户服务理念，理解电力营销服务体系的基本职能和电力客户服务技术支持系统的构成，以及95598客户服务体系基本功能，熟知电力客户服务的相关规范及要求，学会应用客户服务各种技巧，具备电力客户服务的基本业务受理能力。

复习思考

7-1　什么是电力市场营销？电力市场营销主要内容有哪些？

7-2　电力市场营销策略有哪些方面？

7-3　什么是电力客户服务？

7-4　电力客户服务的发展过程是什么？

7-5　简述电力客户服务工作的意义。

7-6　现代电力营销服务体系的基本职能有哪些？

7-7　　电力客户服务技术支持系统由几部分构成？

7-8　　以客户为中心的服务战略是指什么？

7-9　　承诺服务与服务承诺的区别与联系是什么？

7-10　何为"95598"客户服务系统？

7-11　95598 的基本功能有哪些？

7-12　客户服务监督体系的主要内容有哪些？

7-13　窃电是指什么？窃电行为有哪些？

7-14　停电查询的内容有哪些？

7-15　业扩进程查询如何处理？

7-16　我国现行电价分为哪几类？

7-17　功率因数调整电费办法的适用范围是怎样的？

7-18　两部制电价的执行范围如何？

7-19　电力系统故障类型一般有哪些？

7-20　造成电力系统故障的原因有哪些？

7-21　接到客户故障报修信息后如何处理？

7-22　95598 故障报修处理流程是怎样的？

7-23　受理客户故障报修的主要工作内容是什么？

7-24　绘制受理客户故障报修的业务流程。

7-25　客户投诉类型一般有哪些？

7-26　客户举报类别有哪些？

7-27　接到客户投诉信息后如何处理？

7-28　接到客户举报信息后如何处理？

7-29　绘制受理客户投诉举报的业务流程。

学习情境八

营 销 稽 查 监 控

【项目描述】

本项目重点学习营销稽查监控系统的基本功能。

【教学目标】

知识目标：

1. 熟悉营销稽查监控系统的作用；

2. 了解营销稽查监控系统的主要功能。

能力目标：

1. 能根据监控发起稽查任务；

2. 能针对问题制定整改措施；

3. 能选择主题分析。

【教学环境】

教材、黑板、多媒体教学设备、相关资料。

【教学目标】

知识目标：熟悉营销稽查监控系统的作用和主要功能。

能力目标：会发起稽查任务、制定整改措施、进行主题分析。

【任务描述】

根据跟定数据进行分析，发起稽查任务、制定整改措施。

【任务准备】

1. 营销稽查监控系统的作用是什么？

2. 营销稽查监控系统主要监控哪些指标？

3. 营销稽查相关业务质量标准是怎样规定的？

4. 通常选择哪些业务进行主题分析？

【任务实施】

根据给定数据进行分析，发起稽查任务、制定整改措施，形成稽查报告。

【相关知识】

一、营销稽查监控系统的基本要求

营销稽查是对电力营销全过程的监控，通过营销稽查监控系统对营销量价费、供电质量等关键指标及营销工作质量、服务质量、服务资源、客户用电异常信息进行集中、实时监控，及时纠偏整改，做到营销风险事前预防、事中控制，省、市级监控中心实现营销全业务、全过程可控、在控，有效提高营销业务管控能力、客户服务监督能力。

二、营销稽查监控业务分类

（1）省公司稽查业务。不定期地开展关键、重点业务稽查，专项稽查，省集中业务稽查等。

（2）市公司稽查业务。对全部营销业务进行稽查，对重要营销指标进行管控及现场稽查。

（3）县公司稽查业务。由市公司负责对县公司全部营销业务进行稽查。

三、营销稽查监控系统的主要功能

营销稽查系统包括运营动态和营销稽查两部分。运营动态展示主要经营指标完成情况，包括售电量、售电均价、售电收入、电费回收、应收电费余额等。营销稽查通过对稽查监控业务提交问题的归类组合，生成稽查任务，对稽查任务进行归并组合生成稽查工单，进行稽查处理，实现整个稽查工作流的闭环管理。

营销稽查的主要内容包括供电质量与应急处理、经营成果、工作质量、数据质量、服务资源等。

（一）经营成果监控与稽查

通过监控与量、价、费、损有关的异常经营指标和工作质量现象，对有疑问的不正常现象形成异常、问题清单，发起稽查任务，保障营销经营成果，包括市场发展、售电量、电价执行、电费及业务费等。

1. 电价执行异常

通过监控电价政策执行，形成异常清单，开展监控稽查，规范电价执行，规避风险，提供经验业绩，包括售电均价波动、特殊电价执行异常、超容量用电、居民大电量、农排大电量、化肥大电量、力率执行异常、变损电量异常、两部制电价执行异常、分时电价执行异常等功能。

（1）特殊电价执行。通过对执行特殊电价客户的分析，监控特殊电价执行到位情况，发现执行不到位或存在高价低接、超范围执行问题的客户，分为差别电价执行错误、优待电价执行错误、行业分类与执行电价不匹配等。

（2）超容量用电。通过监控客户用电量和运行容量不匹配，及时发现超容量用电问题。理论最大用电量＝客户当月最大运行容量×月日历天数（31）×日运行小时（24），理论最大低谷用电量＝客户当月最大运行容量×月日历天数（31）×日低谷运行小时（8）。

（3）居民大电量。通过对居民生活用电量较大客户的跟踪，监控居民生活客电量异常客户，及时发现并制止违约用电行为。在抄表周期内合理设定监控阈值。

（4）农排大电量。通过对农排用电量较大客户的跟踪，监控农排客电量异常客户，及时发现并制止违约用电行为。

（5）化肥小电量。通过监控执行化肥电价客户用电量异常，及时发现并制止非化肥客户执行化肥电价，合理设定监控阈值。

（6）力率执行异常问题。通过各类客户力率执行信息，监控功率因数调整电费考核执行情况，发现执行标准错误或执行不到位的客户。监控规则为 160kVA 以上高压供电工业客户，功率因数不等于 0.90 或未执行；100kVA 及以上的其他工业客户、非工业客户、电力排灌站，功率因数不等于 0.85 或未执行；农业用电，功率因数不等于 0.80 或未执行，不应执行力率考核。

（7）变压器线损耗执行异常。通过变压器线损耗电量异常，监控客户变压器线损耗执行错误、变压器线损耗计费参数不正确等情况。监控规则为低供低计计收变压器线损耗，高供低计未计变压器线损耗，高供高计计收变压器线损耗。

（8）两部制电价执行异常问题。通过两部制电价、电费信息，监控两部制电价的执行到位情况，发现执行不到位客户。监控规则为大工业客户未执行两部制电价，非大工业客户执行两部制电价。

（9）分时电价执行。通过监控各单位分时电价执行的到位情况，发现执行不到位的客户。监控规则为应执行分时电价未执行，不应执行而执行分时电价。

2. 售电量

通过对售电量相关的稽查监控，不断改进措施，确保经营业绩，包括售电量波动、趸售电量波动、大客户直接交易电量、零电量客户、10kV 线损异常、低压台区线损异常、客户电量异常等功能。

3. 电费及业务费

通过对电费及业务费收取情况，监控指标完成情况、异常变动情况，对于各监控数据和变动率超过或低于设定阈值的，列入监控范围，发起稽查任务，确保电费相关业务正常有序开展，包括电费回收进度、应收电费余额、客户电费欠费、业务费收取情况、自备电厂备用容量费及基金收取情况等。

4. 线路损耗管理

通过对专线月损等情况的监控，使线路损耗工作得到规范、合理的开展，包括专线月线路损耗监控、10kV 公线高压月线路损耗监控、台区月线路损耗监控、供售电量调整异常监控等功能。

（二）工作质量监控与稽查

通过稽查监控与量价费无直接相关的不正常工作质量现象，对有疑问的不正常现象，提交问题库，以便发起稽查任务。主要对新装、增容及变更用电、供电合同管理、抄表管理、核算管理、电费收缴及账务、用电检查管理、95598 业务处理、资产管理、计量点管理、计量体系管理、电能信息采集、市场管理、档案信息管理、报表管理监控等业务主题的工作质量进行监控。

1. 新装、增容及变更用电

通过新装、增容及变更用电的业务处理时间及各相关要素与各自相对应的基准值进行比较，及时了解新装、增容及变更用电的报装业务处理时限执行情况，包括供电方案答复、中间检查、竣工检验、装表接电、业务变更情况分析等。

（1）供电方案答复。通过监控新装、增容业扩项目供电方案答复时间，掌握供电方案答复时限是否符合管理要求。

（2）中间检查。通过监控新装、增容业扩项目中间检查时间，掌握中间检查时限是否符合相关要求。在业扩报装工作中，对于有工程的用电客户，要求在工程施工期间进行中间检查，主要对隐蔽工程进行检查。

（3）竣工检验。通过监控新装、增容业扩项目竣工验收时间，掌握竣工验收时限是否符合相关要求。

（4）装表接电。通过监控新装、增容业扩项目装表接电时间，掌握装表接电时限是否符合相关要求。

2．供用电合同管理

通过监控应签合同数、及时签订合同数、合同及时签订率，及时掌握供用电合同的签订情况。

3．抄表管理

对电能表实抄率、抄表准时率、自动化抄表结算率、高压客户首次抄表及时率、抄表员轮换周期等指标的监控，掌握抄表工作质量。包括电能表实抄率、抄表准时率、自动化抄表结算率、高压客户首次抄表及时率、抄表员轮换周期等功能。

4．核算管理

监控各单位电费核算及电费及时发行情况。通过对核算管理制定相关的工作质量主题，开展营销业务主要环节工作质量与风险点的过程跟踪，并通过与质量主题的标准值比对评价工作质量，主要包括电费发行情况、核算异常工单处理情况等功能。

5．计量管理

监控计量资产到货验收、检定/校准、库房管理、计量装置运行情况等业务，比较各单位计量管理情况。对异常问题，发起稽查任务。

监控电能计量器具周期检验执行情况、高压计量装置首检情况、电能计量器具周期轮换情况等，并进行计量分析。

6．电费收缴及账务管理

通过对电费收缴及账务管理制定相关的工作主题，开展营销业务主要环节工作质量与风险点的过程跟踪，并通过与质量主题的标准值比对评价工作质量，主要包括走收销账及时性、解款及时性、到账确认及时性、日报统计情况、关账情况、电费票据使用情况、分次划拨情况、违约金计收情况、电费退费、冲正情况等功能。

（三）数据质量监控与稽查

通过对营销业务应用系统中档案数据完整性、准确性的校核与统计，将缺失、矛盾档案数据提交问题库，以便发起稽查任务。

1．用电客户类数据完整性

采用非空校验和逻辑关联校验的方法，通过对影响营销业务开展、统计、分析等工作的用电客户类关键字段进行校核，判别缺失的档案数据，将缺失档案数据提交问题库，以便发起稽查任务。主要包括用电客户相关信息、受电点相关信息、计量点相关信息、采集点相关信息、供用电合同相关信息、高压用户相关信息。

2．资产类数据完整性

采用非空校验和逻辑关联校验的方法，通过对影响营销业务开展、统计、分析等工作的资产及其运行类关键字段进行校核，判别缺失的资产及其运行数据，将缺失资产及其运行数据提交问题库，以便发起稽查任务。主要包括互感器运行信息、负荷控制设备信息、集抄设备信息、计量仪器仪表、计量标准器（设备）、计量标准装置、计量箱（柜）等数据。

3. 用电客户类数据准确性

采用逻辑关联校验的方法，通过对影响营销业务开展、统计、分析等工作的客户类矛盾数据进行校核，判别存在逻辑错误的档案数据，将存在逻辑错误的档案数据提交问题库，以便发起稽查任务。主要包括用电客户相关信息、受电点相关信息、计量点相关信息、供用电合同相关信息、台区变压器相关信息。

4. 资产类数据准确性

采用逻辑关联校验的方法，通过对影响营销业务开展、统计、分析等工作的资产类矛盾数据进行校核，判别存在逻辑错误的档案数据，将存在逻辑错误的档案数据提交问题库，以便发起稽查任务。资产类数据包括电能表相关信息和互感器相关信息。

5. 档案数据完整率准确率统计

校核档案数据的完整性、准确性。

（四）供电质量及应急处置监控与稽查

供电质量及应急处置监控与稽查包括供电质量及应急处置和重大事件紧急情况处理监控与稽查。

（五）主题分析

针对客户发展情况、合同管理工作、电量、电价、销售收入、电费回收、客户服务、计量采集、资产设备、电力市场的各信息属性，结合监控与稽查的异常信息，开展多维分析和深度挖掘，实现稽查对象的准确定位。主要是从数据的汇总面深入查找问题点。主题分析的业务项主要有新装、增容与变更用电、供用电合同管理、抄表管理、核算管理、电费收缴及账务管理、用电检查管理、95598业务处理、资产管理、计量点管理、电能信息采集、电力市场分析、档案信息管理，如抄表方式分析。通过抄表段性质、抄表周期、抄表方式统计抄表段分布情况，分析单位、部门及抄表员的工作质量与效率，为抄表方式改进提供依据。

【项目总结】

营销稽查监控是电力营销的一个重要环节，通过对营销各个环节的监控，及时发现问题，并加以改正，从而保证了营销工作的质量。通过稽查监控促进营销各环节对质量的管控，降低经营风险，提供经济效益。

复习思考

8-1 营销稽查监控的作用是什么？

8-2 营销稽查监控系统具有哪些功能？

8-3 常见的电价异常情况有哪些？应采取怎样的应对措施？

附录 A　客户业扩报装办理告知书

尊敬的客户：

您好！

欢迎您前来办理用电业扩报装业务。为更好地为您服务，维护您的合法权益，确保业扩报装工作顺利进行和正式接电后的用电安全，请您仔细阅读以下内容，准备好相关资料按流程进行办理。我们将为您提供全过程服务，欢迎您对我们的服务工作进行监督。

1. 业扩报装环节涉及用电申请提交、现场勘查、供电方案编制，受电工程设计文件送审、隐蔽工程中间检查、受电工程竣工检验、供用电合同签订、计量装置安装、接电等环节，您还需要按照政府文件规定交纳业扩报装相关费用。具体办理手续和流程，请见《××电力公司业扩业务办理流程指引》。

2. 您可通过供电营业厅、95598 客户服务电话等报装渠道提交用电申请，并请您按照《××电力公司业扩业务办理流程指引》的要求准备相关资料。如您对供电质量有特殊要求或者您的用电设备中有非线性负荷设备，请在办理用电申请时一并提交相关负荷清单。对资料不完整的，我们的工作人员将列出所缺资料清单，请在补充完整后再提交用电申请。

3. 正式受理您的用电申请后，我们将按照预约的时间到用电现场勘查供电条件，初步确定方案。在经过技术经济比较和与您充分协商的基础上，我们将在承诺时限内向您提供供电方案书面答复意见。对于确实不具备供电条件的，我们将向您说明原因，希望您能够理解。

4. 在受电工程建设过程中，您有权自主选择具备相关业务资质的电力设计、施工、设备材料供应企业。同时，请配合我们做好受电工程设计、施工单位资质的审核，工程设计图纸的审查，隐蔽工程中间检查和工程竣工验收。请您提供相关单位的资质证明，及时将设计图纸送审，严格按照审核合格后的图纸进行施工，及时联系我们开展中间检查和工程竣工验收，并按照我们工作人员提出的意见进行整改。

5. 在受电工程验收合格后，我们将根据国家有关法律法规以及您的用电需求、供电方案，与您协商供用电合同有关条款，在协商一致后签订《供用电合同》及相关协议。

6. 在工程验收合格、《供用电合同》及相关协议已签订，业务相关费用已结清，您单位配备了具备相关资质电气人员后，我们将在承诺的时限内安排送电。

7. 如果您属于政府有关部门确定的重要电力用户行业范围，您将被列入重要电力用户名单，并报当地政府部门审批确认。对于您的保安负荷，请按照有关规定配置应急电源和非电性质保安措施。

8. 在业扩办理过程中，如果您需要了解业扩报装业务办理进度，可以拨打全国统一的95598 电力服务热线进行查询。

9. 请您协助我们对工作人员服务工作进行监督，如对我们的服务有不满意或我们的工作人员有利用工作便利牟取不正当利益行为，请及时拨打 95598 服务热线或电力监管机构12398 监督电话投诉举报。

我们将严格按照国家和国家电网公司有关供电服务规定要求，竭诚为您提供热情周到的服务。

××省电力公司

附录 B　业扩报装所需资料清单

序号	资　料　名　称	需提供的请标注√
1	用电申请表（报告）	
2	经办人居民身份证原件及复印件和法人委托书原件（或法人代表身份证原件及复印件）	
3	营业执照（或组织机构代码证）复印件	
4	企业法人身份证原件或复印件（个人电力客户提供身份证原件及复印件）	
5	税务登记证复印件	
6	一般纳税人资格证书复印件	
7	房产证复印件（或相关法律文书）	
8	总平图原件及复印件，建筑总平面图、用电负荷特性说明、用电设备明细表、近期及远期用电容量	
9	政府主管部门立项或批复文件；对高耗能等特殊行业客户，须提供环境评估报告、生产许可证等	

附录 C 客 户 联 系 卡

管理单位：					客户编号：
申请编号		申请类别		申请日期	
客户名称					
用电地址					
联系人			联系电话		
联系地址					
备注					

附录 D 电 价 表

表 D1　　　　　　　　河南省电网直供销售电价表

| 用电分类 | 电压等级 | 电度电价（元/kWh） | | | | | | | 基本电价 | |
		净电价	国家重大水利工程建设基金	城市公用事业附加费	可再生能源电价附加	大中型水库移民后期扶持资金	地方水库移民后期扶持资金	合计	最大需量〔元/kW·月〕	变压器容量〔元/kVA·月〕
一、大工业用电										
（1）一般大工业用电	1～10kV	0.552 16	0.011 34	0.01	0.004	0.008 3	0.000 5	0.586 3	28	20
	35～110kV以下	0.537 16	0.011 34	0.01	0.004	0.008 3	0.000 5	0.571 3	28	20
	110kV	0.522 16	0.011 34	0.01	0.004	0.008 3	0.000 5	0.556 3	28	20
	220kV及以上	0.514 16	0.011 34	0.01	0.004	0.008 3	0.000 5	0.548 3	28	20
（2）电炉铁合金、电解烧碱、电炉钙镁磷肥、电炉黄磷、电石、电解铝生	1～10kV	0.532 16	0.011 34	0.01	0.004	0.008 3	0.000 5	0.566 3	28	20
	35～110kV以下	0.517 16	0.011 34	0.01	0.004	0.008 3	0.000 5	0.551 3	28	20
	110kV	0.502 16	0.011 34	0.01	0.004	0.008 3	0.000 5	0.536 3	28	20
	220kV及以上	0.494 16	0.011 34	0.01	0.004	0.008 3	0.000 5	0.528 3	28	20
（3）采用离子膜法工艺的氯碱生产用电	1～10kV	0.508 16	0.011 34	0.01	0.004	0.008 3	0.000 5	0.542 3	28	20
	35～110kV以下	0.493 16	0.011 34	0.01	0.004	0.008 3	0.000 5	0.527 3	28	20
	110kV	0.478 16	0.011 34	0.01	0.004	0.008 3	0.000 5	0.512 3	28	20
	220kV及以上	0.470 16	0.011 34	0.01	0.004	0.008 3	0.000 5	0.504 3	28	20
（4）合成氨生产用电	1～10kV	0.396 16	0.011 34		0.004	0.008 3	0.000 5	0.420 3	21	15
	35～110kV以下	0.386 16	0.011 34		0.004	0.008 3	0.000 5	0.410 3	21	15
	110kV	0.376 16	0.011 34		0.004	0.008 3	0.000 5	0.400 3	21	15
	220kV及以上	0.366 16	0.011 34		0.004	0.008 3	0.000 5	0.390 3	21	15
（5）磷肥、钾肥和复合（混）肥生产用电	1～10kV	0.441 16	0.011 34		0.004	0.008 3	0.000 5	0.465 3	21	15
	35～110kV以下	0.432 16	0.011 34		0.004	0.008 3	0.000 5	0.456 3	21	15
	110kV	0.423 16	0.011 34		0.004	0.008 3	0.000 5	0.447 3	21	15
	220kV及以上	0.414 16	0.011 34		0.004	0.008 3	0.000 5	0.438 3	21	15
（6）电气化铁路还债加价										
北京广	110kV	0.597 16	0.011 34		0.004	0.008 3	0.000 5	0.621 3	28	20

续表

用电分类	电压等级	电度电价（元/kWh）							基本电价	
		净电价	国家重大水利工程建设基金	城市公用事业附加费	可再生能源电价附加	大中型水库移民后期扶持资金	地方水库移民后期扶持资金	合计	最大需量[元/kW·月]	变压器容量[元/kVA·月]
焦枝、侯月	110kV	0.640 16	0.011 34		0.004	0.008 3	0.000 5	0.664 3	28	20
宁西铁路南阳段	110kV	0.672 16	0.011 34		0.004	0.008 3	0.000 5	0.696 3	28	20
陇海铁路郑徐段	110kV	0.579 16	0.011 34		0.004	0.008 3	0.000 5	0.603 3	28	20
二、一般工商及其他用电										
（1）一般工商业及其他用电	不满 1kV	0.748 16	0.011 34	0.01	0.004	0.008 3	0.000 5	0.782 3		
	1～10kV	0.714 16	0.011 34	0.01	0.004	0.008 3	0.000 5	0.748 3		
	35～110kV以下	0.681 16	0.011 34	0.01	0.004	0.008 3	0.000 5	0.715 3		
（2）磷肥、钾肥和复合（混）肥生产用电	不满 1kV	0.547 16	0.011 34		0.004	0.008 3	0.000 5	0.571 3		
	1～10kV	0.534 16	0.011 34		0.004	0.008 3	0.000 5	0.558 3		
	35～110kV以下	0.525 16	0.011 34		0.004	0.008 3	0.000 5	0.549 3		
三、农业生产用电										
（1）一般农业生产用电	不满 1kV	0.429 96	0.011 34					0.441 3		
	1～10kV	0.420 96	0.011 34					0.432 3		
	35～110kV以下	0.411 96	0.011 34					0.423 3		
（2）农业深井及高扬程排灌用电	不满 1kV	0.409 96	0.011 34					0.421 3		
	1～10kV	0.400 96	0.011 34					0.412 3		
	35～110kV以下	0.391 96	0.011 34					0.403 3		
四、居民生活用电	不满 1kV	0.523 86	0.011 34	0.015	0.001	0.008 3	0.000 5	0.560 0		
	1～10kV及以上	0.484 86	0.011 34	0.015	0.001	0.008 3	0.000 5	0.521 0		

注　1. 原化工部发放生产许可证的氮肥、磷肥、钾肥、复合肥生产企业用电，以及符合豫发改价管〔2005〕1490号文件规定的化肥生产用电，按表所列分类电价每千瓦时降低2分执行。

　　2. 农村低压各类用电按表合计栏电价执行，其中含维管费、不征收城市公用事业附加费。

表 D2　　　　　　　　　　　　河南省直供居民生活阶梯电价表

分类	不满 1kV	1～10kV
一、"一户一表"居民客户		
其中：1. 年用电量 2160kWh（含）以内	0.560 0	0.521 0
2. 年用电量 2160～3120 kWh（含）	0.610 0	0.571 0
3. 年用电量 3121 kWh 以上	0.860 0	0.821 0
二、居民合表用户	0.568 0	0.529 0

注　自 2012 年 7 月 1 日用电起执行居民阶梯电价。

附录E 变压器损耗表

表 E1 S9 型 6、10kV 级 30～500kVA 变压器有功无功空载损失及负载损失占用电量比例

容量 (kVA)	空载损失 (kWh)		负载损失占用电量比例（%）	
	有功	无功	有功	无功
30	104	460	1.6	2.8
50	136	730	1.4	2.8
63	161	874	1.3	2.8
80	201	1051	1.2	2.8
100	233	1168	1.2	2.8
1125	273	1369	1.1	2.8
160	321	1635	1.1	2.8
200	385	1898	1.0	2.8
250	450	2190	0.9	2.8
315	538	2529	0.9	2.8
400	642	2920	0.8	2.8
500	771	3650	0.8	2.8

表 E2 SL7、SL8、S7、S8 型 6、10kV 级 30～500kVA 变压器有功无功空载损失及负载损失占用电量比例

容量 (kVA)	空载损失 (kWh)		负载损失占用电量比例（%）	
	有功	无功	有功	无功
30	121	613	2.1	2.8
50	153	913	1.8	2.8
63	177	1104	1.7	2.8
80	217	1285	1.6	2.8
100	257	1533	1.6	2.8
125	297	1825	1.5	2.8
160	370	2219	1.4	2.8
200	433	2628	1.4	2.8
250	514	3103	1.2	2.8
315	611	3679	1.2	2.8
400	739	4380	1.1	2.8
500	867	5110	1.1	2.8

表 E3 SL、SL1～SL6 型 6、10kV 级 30～500kVA 变压器有功无功空载损失及负载损失占用电量比例

容量 (kVA)	空载损失 (kWh)		负载损失占用电量比例（%）	
	有功	无功	有功	无功
30	217	1971	2.2	2.8
50	305	3285	2.0	2.8
63	362	3679	1.8	2.8
80	426	4672	1.7	2.8
100	498	5475	1.7	2.8
125	594	6844	1.7	2.8
160	699	8176	1.6	2.8
200	803	10200	1.5	2.8
250	964	11863	1.4	2.8
315	1165	14947	1.4	2.8
400	1406	18980	1.3	2.8
500	1647	21900	1.3	2.8

表 E4 6、10kV 级 30～500kVA 包封线圈的无励磁调节配电变压器有功无功空载损失及负载损失占用电量比例

容量 (kVA)	空载损失 (kWh)		负载损失占用电量比例（%）	
	有功	无功	有功	无功
30	217	767	2.1	2.8
50	297	1095	1.8	2.8
80	402	1635	1.6	2.8
100	474	2044	1.4	2.8
125	554	2281	1.3	2.8
160	659	2920	1.2	2.8
200	747	3212	1.2	2.8
250	883	4015	1.0	2.8
315	1044	4599	1.0	2.8
400	1277	5840	0.9	2.8
500	1486	7300	0.9	2.8

附录 F　功率因数调整电费表

无功功率/有功功率比值	调整率（%）	电费调整标准（%）			无功功率/有功功率比值	调整率（%）	电费调整标准（%）		
		0.90	0.85	0.80			0.90	0.85	0.80
0.000 0～0.100 4	100	−0.75	−1.1	−1.3	0.711 1～0.737 1	81	+4.5	+2.0	−0.10
0.100 5～0.175 2	99	−0.75	−1.1	−1.3	0.737 2～0.763 0	80	+5.0	+2.5	0
0.175 3～0.227 9	98	−0.75	−1.1	−1.3	0.763 1～0.789 2	79	+5.5	+3.0	+0.5
0.228 0～0.271 8	97	−0.75	−1.1	−1.3	0.789 3～0.815 4	78	+6.0	+3.5	+1.0
0.271 9～0.310 6	96	−0.75	−1.1	−1.3	0.815 5～0.841 8	77	+6.5	+4.0	+1.5
0.310 7～0.346 1	95	−0.75	−1.1	−1.3	0.841 9～0.868 5	76	+7.0	+4.5	+2.0
0.346 2～0.379 3	94	−0.60	−1.1	−1.3	0.868 6～0.895 4	75	+7.5	+5.0	+2.5
0.379 4～0.410 8	93	−0.45	−0.95	−1.3	0.895 5～0.922 5	74	+8.0	+5.5	+3.0
0.410 9～0.440 9	92	−0.30	−0.80	−1.3	0.922 6～0.950 0	73	+8.5	+6.0	+3.5
0.441 0～0.470 0	91	−0.15	−0.65	−1.15	0.950 1～0.977 8	72	+9.0	+6.5	+4.0
0.470 1～0.498 3	90	0	−0.50	−1.10	0.977 9～1.006 0	71	+9.5	+7.0	+4.5
0.498 4～0.526 1	89	+0.5	−0.40	−0.90	1.006 1～1.035 5	70	+10	+7.5	+5.0
0.526 2～0.553 3	88	+1.0	−0.30	−0.80	1.035 6～1.066 0	69	+11	+8.0	+5.5
0.553 4～0.580 1	87	+1.5	−0.20	−0.70	1.066 1～1.093 1	68	+12	+8.5	+6.0
0.580 2～0.606 6	86	+2.0	−0.10	−0.60	1.093 2～1.123 1	67	+13	+9.0	+6.5
0.606 7～0.632 9	85	+2.5	0	−0.50	1.123 2～1.153 6	66	+14	+9.5	+7.0
0.633 0～0.659 0	84	+3.0	+0.5	−0.40	1.153 7～1.184 8	65	+15	+10	+7.5
0.659 1～0.685 0	83	+3.5	+1.0	−0.30	1.184 9～1.216 6	64	+16	+11	+8.0
0.685 1～0.711 0	82	+4.0	+1.5	−0.20	1.216 7～1.249 0	63	+17	+12	+8.5

参 考 文 献

[1] 王广惠，陈跃. 用电营业管理. 北京：中国电力出版社，1999.

[2] 于崇伟. 电力市场营销. 北京：中国电力出版社，2002.

[3] 刘运龙. 电力客户服务. 北京：中国电力出版社，2002.

[4] 闫刘生. 电力营销基本业务与技能. 北京：中国电力出版社，2002.

[5] 国家电网公司人力资源部. 生产技能人员职业能力培训专用教材. 95598 客户服务. 北京：中国电力出版社，2010.

[6] 国家电网公司人力资源部. 生产技能人员职业能力培训专用教材. 用电业务受理. 北京：中国电力出版社，2010.

[7] 国家电网公司人力资源部. 生产技能人员职业能力培训专用教材. 抄表核算收费. 北京：中国电力出版社，2010.

[8] 国家电网公司人力资源部. 生产技能人员职业能力培训专用教材. 用电检查. 北京：中国电力出版社，2010.

[9] 国家发改委价格司. 电力价格政策法规指南. 北京：长城出版社，2004.

[10] 傅景伟. 电力营销技术支持系统. 北京：中国电力出版社，2002.

[11] 陈向群. 电能计量技能考核培训教材. 北京：中国电力出版社，2003.

[12] 黄伟. 电能计量技术. 北京：中国电力出版社，2004.

[13] 夏国明，谢华. 用电营业管理. 北京：中国水利水电出版社，2004.

[14] 丁毓山. 电子式电能表与抄表系统. 北京：中国水利水电出版社，2005.

[15] 电力工业部安全监察及生产协调司. 电力供应与使用法规汇编. 北京：中国电力出版社，1996.

[16] 孙成宝. 抄表核算收费. 北京：中国电力出版社，2004.

[17] 国家电网公司人力资源部. 用电营业管理. 北京：中国电力出版社，2010.

[18] 国家电网公司人力资源部. 抄表核算收费. 北京：中国电力出版社，2010.